つながり志向の JA経営

組合員政策のすすめ

増田佳昭　編著

家の光協会

つながり志向のＪＡ経営　組合員政策のすすめ

目次

序章

第１章

第2章

第3章

第6章 くらしを基軸とするつながりづくりと結集力強化戦略の展開
―鹿児島県JAあいらの取り組み―

第7章 支店を拠点とする組合員とのつながりづくり
―石川県JA小松市と三重県JA三重中央の取り組み―

第8章 組合員・組織対応の再構築と協同組合としての展望　182

終章 組合員政策をどうすすめるか　196

デザイン・DTP　東京カラーフォト・プロセス
校　正　　　　(有)かんがり舎

序章

組合員とのつながり強化をＪＡ経営政策の柱に

――ＪＡの組合員政策試論――

ＪＡの新たな段階とつながり強化への期待

本書は、ＪＡと組合員とのつながりの現状とＪＡとしての対応方向と方策について取り上げるものである。ＪＡと組合員との結びつきの希薄化、組合員の世代交代の進展とＪＡ離れなど、つながりの弱まりは以前から指摘されてきた。しかし、組合員とＪＡとの多面的なつながりに焦点を当てて、その実態を明らかにして対応策を体系的に示すことは、かならずしも十分に行われてこなかったように思われる。

本書は、旧ＪＣ総研（現日本協同組合連携機構）に設置されたＪＡの体系的な組合員政策に関する研究会が調査票を企画し、ＪＡ全中が全国のＪＡに呼びかけて、２０１７年から18年にかけて実施した組合員のメンバーシップに関するアンケート（略称ＭＳアンケート）の結果を中心に、ＪＡと組合員とのつながりの実態を分析し、組合員とのつながり強化の対策を考えようとするものである。[1]

つながりというのは、抽象的な言葉である。ＪＡと組合員とのつながりには、ＪＡの事業利用を通じたつながり、ＪＡへの組合員加入や組合員組織加入といった組織的なつながり、ＪＡのイベントやさまざまな組合員活動を通じたつながり、ＪＡ運営への参画というつながり、さらには、ＪＡに対する理解や共感、態度といった心理的なつながりも存在する。アンケート調査では、それらの多面的なつながりを、できるだけ客観的に定量的に把握しようと試みた。また分析に当たっては、それらのつながり間の相互関係に注目し、つながり強化の対応策の要諦《ようてい》を抽出しようとした。

　ＪＡが協同組合であるということは、人と人とのつながりがその基底に存在するということである。ＪＡではそうした組合員同士のつながりを基盤にして、ＪＡと組合員とのつながりが形成されている。組合員のつながりは、伝統的には農村社会における集落を単位にした地域的なつながりであったし、商業的農業が発展するにしたがって、品目別部会組織などの機能的なつながりが重要性を増すようになってきた。しかしながら、その後農業を取り巻く環境が変化し、組合員の世代交代が進むにしたがって、地縁的つながり、機能的つながりは弱まらざるを得なかった。また、その後ＪＡとのつながりの弱い准組合員を多数迎え入れており、かれらとのつながり形成も重要な課題となってきた。のちにみるように、協同組合がその目的を適切に達成するためには、組合員とのつながり強化は必須の条件である。組合員の性格の分化、組合員の世代交代という新しいＪＡの段階にふさわしい組合員とのつながりのあり方が問われているのである。

　さて、本書のタイトルにある「組合員政策」は、読者にとってなじみのない言葉かもしれない。われわれがそれに込めた思いは、組合員にしっかりと向き合い、組合員にはたらきかけるという姿勢と方針なしに、ＪＡに将来はないと考えたからである。また、組合員へのはたらきかけは場当たり的なものであってはならず、しっかりとした目的設定と体系性を持つべきではないかと考えて、組合員政策の用語を用いている。

　ＪＡの組合員政策を、とりあえずは「ＪＡがその目的を達成するために行う組合員へのはたらきかけ」と幅広く定義しておくが、以下では組合員政策について、もう少し理論的にその位置づけと枠組みを検討しておきたいと思う。

経営政策の必要性

まず「組合員政策」は、経営学分野における「経営政策」を強く意識した用語である。そして、組合員政策は、商品政策などとともに、協同組合における経営政策の重要な一部を成すと考えている。また経営政策の用語は、アメリカ経営学のビジネス・ポリシー（Business Policy）、あるいはマネジメント・ポリシー（Management Policy）に当たるものであり、企業の経営方針を指す用語として用いられている。政策は政府などのそれに限定されるものではない。

ただ、「経営政策」という用語が経営学分野でよく使われたのはほぼ1980年代までであり、今日ではもっぱら「経営戦略」（Management Strategy）が用いられている。競争と戦略を掲げる経営戦略論全盛のなかで、いまや経営政策は古くさい経営論のようにみえる。

だが、あえて経営政策論の意義を評価しようとすれば、次のような解釈が可能と思われる。戦略という言葉が「敵の現実的あるいは潜在的行動を相殺するためにとる行動というような軍事的な意味で使われた」[(2)]ように、経営戦略はビジネスにおける敵の存在を想定しての目的達成手法という性格が強い。それに対して経営政策は、企業への役割期待と関連し、経営者にとっての行動基準や行動のための考え方と関係する。経営政策の特徴は、企業がおかれた環境認識のなかで、企業の社会的な目的や存在意義を強く意識し、それへの対応を経営者の経営判断の基準として重視するところにあるといえよう。一般に企業というものは利益を目的にするにしても、社会に貢献しない企業が利益を上げることは不可能である。企業がなにを目的に、いかなる貢献をするかが企業の存続のために必要であり、そこに経営政策の意味があると考えられるのである[(3)]。

現在において、経営政策の用語は、営利目的以外の社会的目的を掲げる非営利組織の経営において使用されることが多い[(4)]。その意味で、本来非営利組織で組合員による運営を基本とするＪＡの経営を考えるとき、経営戦略よりも経営政策のほうがより適合的だといえよう。

農協の経営政策

また、経営政策の用語は、すでにこれまで農協経営論においても用いられてきた。例えば有賀文昭『農協の経営政策』（1983年）は、「経営政策」を書名に掲げるおそらく唯一の農協関係の書物であろう。また、それに先だって出版されている甲斐武至『農協経営転換の論理』（74年）は、「農協経営政策」の点検と転換を主題にしている。さらに、國友則房『農協の経営学』（71年）も、「組合経営を取巻く内外の諸条件をふまえ、組合員の統一目的の実現に向かって行われる（中略）経営活動の方針を定めることを、経営方策あるいは経営政策の設定という[(5)]」として、経営における長期的な方向の見定めと規範設定、それに基づいた経営活動を経営政策としている。

甲斐の問題認識は現代にも通じる。農協の経営層にとって「赤字を出さないこと」が短期的、現実的、実践的な課題となっており、「経営政策の赴くところは、利益率の高い事業への重点志向」である。問題は、農協経営層が経営の基準、すなわち長期予測に基づく経営政策の方向を示せないことにある。それまで農協の経営政策は、行政庁や中央会に依存し、事業については連合会に依存しており、いわば「他力本願」であったが、自主・自立の協同組合としての、確乎たる統一の「行動の基準」が必要であるというのである[(6)]。そして、農協の経営政策の基本路線は、現に支配的に採られている農協の「経営体」維持のためのドンブリ勘定的総合収支均衡路線から、農民たる正組合員の所得拡大優先に転換することであり、また、消費者または生活者の側面での対「寡占」防衛諸活動の事業化優先に転換することである、と主張する。「対寡占」という「対境関係[(7)]」に農協の社会的な存在意義を見いだして、農協の確乎とした経営方針を定め、そのもとで経営を遂行することが経営政策の基本になるべきだとの指摘である。

また有賀は、農協法との関係で経営政策を論じている。有賀によれば、そもそも農協の経営政策は「国から与えられたもの」であった。農協法は農業生産力の増進と農民の経済的社会的地位の向上を図ることを定めており、それこそが国が定めた農協の経営政策であった。農協発足当初には、農協法第1条は農協の経営政策として有効であり、「農協は経営政策についてあれこれ思いわずらう必要はなかった」が、その後の組合員の経済的性格の変化、環境変化のもとで、農協みずからの経営政策が求められるようになり、昭和40年代以降、農協は自身の経営政策をもとうとするようになるという。(8)

ただし、有賀がいう経営政策は、個々の農協の経営政策というよりも、系統農協（ＪＡグループ）としての経営政策であった。全国農協大会で決議された「農業基本構想」（１９６７年）、「生活基本構想」（１９７０年）、そして自主建設路線と総合力の発揮を掲げた「総合三ヵ年計画」（１９７０年）などは、「オール農協としてははじめての自前の本格的な経営政策樹立の試みであった」(9)というのである。

経営政策論についてこれ以上立ち入る紙幅はないが、ＪＡの経営を単なる経営収支の帳尻合わせに終始させるのではなく、組合員の期待と社会的存在意義を踏まえた目標を設定して経営者の行動基準を定め、そのもとで体系的、統合的に経営行為が成されることの必要性は、今日、より強まっているのではないだろうか。そのようなものとしてＪＡの経営政策を捉えておきたい。

協同組合の特性と組合員政策

次に組合員政策についてである。協同組合における組合員は、一般企業における株主であるとともに顧客の立場にある特殊な存在である。したがって、組合員政策論は一般経営学には存在しない。以下では、その必要性と位置づけについて、協同組合論の視点と農協経営の視点という二つの視点からアプローチしてみたいと考える。

まず協同組合論からみてみよう。協同組合は、人的結合体としての性格（いわゆる組織体としての性格）と事業体、経営体としての性格の両面を持つ。いわゆる協同組合の二側面論である。また、協同組合原則も、協同組合は人々の共通のニーズを満たすために結びついた人々の団体であるとともに、その目的は共同所有され民主的に管理される事業体を通じて実現されるとして、人的結合体と事業体の関係を目的―手段関係で説明している。

人的結合体と事業体の関係は、二側面論では両側面の「併存」と捉え、協同組合原則では「目的・手段」の関係とみる。そのほかには「車の両輪」論などもあるが、いずれの理解、説明でも、協同組合には事業体や経営体の部分と人々の自発的結合という人的組織の部分が、ともに存在することを前提としている。ここから当然の結論として導かれるのは、協同組合の運営に当たっては、「経営体の運営」だけでなく、「人の組織の運営」の領域が存在し、その巧拙が協同組合の目的達成に大きな影響を与えるだろうということである。しかしながら、協同組合の運営（マネジメント）において、人の組織の運営の重要性を指摘し、それを農協運営論ないし農協経営論のなかに体系的に位置づけ、論じようとする立論は、これまできわめて少なかったのではないだろうか。[10]

農協論のテキストでは、「運動体」が強調されるにしても農業を中心とする社会運動体の側面が中心である。それが人的結合体としての農協の重要な役割であるにしても、農協の経営とはいわば別物として論じられてきた。また、組合員組織や組合員活動は、農協の組織側面として記述されるが、それらと農協経営との関係もまた不分明なことが多かったのではないだろうか。農協運営論における経営論と組織論の不幸な分裂である。

農協が単なる経営体でなく、人的結合体としての部分を強く持つものだとすれば、農協を適切に運営するためには、人的結合体の運営（組織マネジメント）も含めた総合的な運営方針（経営政策）が必要なのではないだろうか。

ＪＡの経営と組合員政策

次にＪＡ経営の観点からの検討である。一般に経営管理の領域は、生産管理、販売管理、調達管理、労務管理、財務管理などから成る。経営政策との関係では経営政策各論と呼ぶこともできる。しかしそれらが、組合員との協同や連携によって遂行されるところにＪＡ経営の特質がある。例えば、ＪＡの農産物販売事業について考えるなら、まず生産は組合員である農家によって担当される。また販売も多くの場合、組合員が組織する共販組織を通じて行われる。さらに、生産資材も組合員の農業経営が需要するものであり、部会組織などを通じて供給されることも多い。ＪＡの農産物販売事業の一連の流れを考えても、組合員の協力や組合員との連携を抜きにしては、そもそも事業は成り立たないのである。

一般の経営学においては、みずからの企業内で行われることが想定されている生産や販売、そして資材調達が、すべて組合員に依存しているのである。さらにいえば、労務管理や財務管理さえも組合員の出役や出資によって成り立っている場合が多い。つまり、ＪＡ経営においては、各経営政策の遂行過程は組合員に依存する部分が多く、逆に、組合員や組合員組織に対するＪＡ側からのなんらかの働きかけが不可欠なのである。したがって、そうした組合員との関係づくりは、ＪＡの経営政策、経営管理においてきわめて重要な領域を成すはずである。

ＪＡと組合員との関係は、ＪＡの側からのはたらきかけではなく、組合員の自主的な活動や意思決定に委ねるべきと考える立場もありうる。しかし、商品市場が成熟し、高度な品質や高度なマーケティングが求められる今日、組合員組織をどうマネジメントし、コントロールするかは、ＪＡの目的を達成するために必要な経営活動の重要な要素のはずである。

前出の國友は、「協同組合が出資者であると同時に事業の利用者（顧客）であるという特質から、農協の運営においては、組合員の結合強化の措置がなによりも大切である」としたうえで、「アメリカの農協等においても、協同組合の管理にはいわゆる経営管理と組合員管理（Membership relation）の二大領域が存することが力説され、とくに後者による人間関係の円滑化が重要な関心事となっている」[11]と、「組合員管理」領域の存在と重要性を指摘していた。

それとともに國友は、組合員の結合強化の具体的措置として、①農協運動の趣旨についての理解の徹底、②組合員との意思の疎通と運営の民主化、③教育や指導と経済活動の一体化、④ガラス張りの経営による利益の還元、⑤組合に対して親近感を持たせること、を挙げていた。これらの課題は、組合員政策の課題として正当に提起され、農協運営論ないし農協経営論のなかに適切に位置づけられ、具体化される必要があったのではないだろうか。

組合員とのつながり強化をＪＡ経営政策の柱に

組合員政策は、組合員管理であるなどといえば、協同組合の主権者である組合員の立場からは、失礼でおこがましい言い方であろう。しかし、組合員の共通の目的を達成するために、組合員がなんらかの形で関わらなければならないことを否定する者はいないだろう。組合員は、組合に出資し、運営に参加し、事業を利用する。いわゆる協同組合の三位一体的性格である。組合員の組合との関わりをどうまくマネジメントするかが重要なのである。

改めて定義するなら、組合員政策は協同組合の目的を達成するために必要な、組合員の組織化と組織運営、各種組合員活動への参加、協同組合のガバナンスへの参加、協同組合に対する理解と共感形成など組合員に対するはたらきかけを指す。「管理」というよりも、協同組合における組合員参加のマネジメント、あるいは組合員参加のデザインと計画といったほうがわかりやすいかもしれない。さらに別の言葉でいえば、組合員の力と組合への協力をいかに引き出して、組合の成果につなげるかといった手段の体系といってもいいだろう。

もともと、協同組合は自治の組織である。みずから決め、みずから律するという意味では、組合員は組合員政策の主体であるとともに客体でもある。しかしながら、農産物販売の高度化やJA事業の専門化や多様化を考えると、JAの側からの提案と方向づけは不可欠である。主体でもあり客体でもある組合員の意欲をどう引き出していくのか、JAの役職員サイドがしっかりとした方針を持ち、体系的な具体策を用意して組合員とのつながり強化を図る必要があるだろう。

本書の構成

以下、第1章では、JAグループが組合員の変化に対応してつながり強化にどのような課題を掲げ、どのような対応を行ってきたかを中心に、JAにおける組合員政策の歴史を分析する。第2章では、組合員とのつながりを「アクティブ・メンバーシップ」と捉えて、組合員の「わがJA」意識を高め、協同組合らしい競争優位を形成するための要件について検討し、対応すべき課題と方策を提示する。第3章は、JAの多様性に焦点を当て、組合員構成の違いを主要な内容とするJAの類型化を踏まえて、つながりの実態を明らかにするとともに、類型ごとの対応課題を示す。

第4章、第5章、第6章、第7章は、現実のJAを対象に、組合員とのつながりの現状とJAの側からのはたらきかけの状況を分析するものである。いわば組合員政策の現状分析というべき章である。第8章は新たな環境変化のもとでのJA組合員政策の課題を提示する。終章では、これからのJAと組合員とのつながりのあり方について試論的に方向を提示するとともに、組合員政策の主要課題について提起する。

本書が、JAにおける組合員政策の点検と体系化、組合員へのはたらきかけの具体化への一助となれば幸いである。

【注】

(1)　ＭＳアンケートは、２０１６年度のモデルＪＡでの試行実施を経て、17～18年度に本格実施され、トータル１２８ＪＡが参加した。対象とする組合員は、組合員台帳等に基づいて、正組合員１０００人、准組合員２０００人を無作為に抽出すること、調査書の配布・回収は郵送とすることなどを原則として実施された。

(2)　杉原信男『経営政策新講』、中央経済社、１９８３年、9頁。その他経営政策については、山城章『経営政策』、経営評論社、１９４８年。山城章『経営政策―最高経営政策論』、白桃書房、１９５４年。二神恭一『新版現代の経営政策』、中央経済社、１９６９年。二神恭一『戦略経営と経営政策』、中央経済社、１９８４年、などを参考にした。

(3)　山本久美子「経営政策論による企業の社会的目的への接近――現代企業社会と経営政策についての一考察」、三田商学研究第44巻第2号、２００１年、82頁

(4)　現在でも生協グループにおいては経営計画の上位概念として経営政策という言葉が用いられることがある。例えば、全国職域生協協議会「第3次職域生協中期経営政策（２０１６～18年度）」（日本生協連「２０２０年ビジョン第2期中期方針（２０１７～19年度版）」）。また、生協グループで一般に使われている「商品政策」「価格政策」などは、経営政策の派生語ないし関連語である。これらは経営戦略論やマーケティング論では、それぞれ「商品戦略」「価格戦略」であるが、あえて「戦略」の言葉を避けており非営利組織の特徴を意識したものであろう。

(5)　國友則房『農協の経営学』、学陽書房、１９７１年、66頁

(6)　甲斐武至『農協経営転換の論理』、全国協同出版、１９７４年、5頁、43頁

(7)　「対境関係」の用語は、山城章によるものである。山城「前掲書」、１９５４年、83頁

(8)　有賀文昭『農協の経営政策』、日本経済評論社、１９８３年、１４８頁

(9)　有賀「前掲書」、86頁

(10)　組合員の貢献が協同組合の経済的成果を生み出すことを経済学的に説明しようとしたのが、藤谷築次などの「組織力効果論」である。それは経営学と直接的に結びつくことはなかったが、その後の協同組合の経済効果論に大きな影響を与えた。藤谷築次「協同組合の適正規模と連合組織の役割」『農協運動の理論的基礎』、家の光協会、１９７４年など。

(11)　國友「前掲書」、１０８頁

第１章

ＪＡと組合員のつながりの歴史的な変容と組合員政策

●はじめに

ＪＡと組合員のつながりは、ＪＡにとって古くて新しい課題である。１９７３年の第13回全国農協大会（以下、大会）では、「組合員の連帯感や協同意識がうすれ、農協活動への参加意欲の後退が問題とされ、組合員との結びつきが課題[1]」とあり、組合員との「結びつき」という言葉が初出する。

その後、「組合員の農協離れ」「組合員の意識の多様化」「組合員との結びつきの強化」「ＪＡと組合員を結ぶ絆」などといった文言が、毎回のＪＡ全国大会の議案・決議に並ぶようになった。そして、２０１５年の第27回大会で「アクティブ・メンバーシップ」という新しい言葉が導入された。

組合員の多様化とＪＡの広域合併

ＪＡと組合員のつながりは、およそ50年続く歴史的な課題であり、依然として解決されない課題である。歴史的な課題である背景の一つには組合員の多様化がある。そして、もう一つに、ＪＡの広域合併がある。

組合員の多様化は、歴史的な課題である。均質な農家の世帯主層を中心とした戦後農協成立時の正組合員像は、農家の階層分化のなかで多様化が進んだ。後継者層や農家女性といった世代間、世帯内の農協と組合員のつながりも多様化した。准組合員も著しい増加のなかで、また分化している。歴史的に組合員の多様性は、より複雑化し、当然のようにＪＡと組合員のつながりも多様化している。

ＪＡと組合員のつながりが課題となる背景には、社会の変化に対応したＪＡの変化も大きい。最もわかりやすい事例は、ＪＡの広域合併と支所支店や拠点の統廃合であろう。ＪＡは健全な経営基盤を築くために広域合併を進め、支所支店や拠点の統廃合を進めてきた。しかし、支所支店や拠点の統廃合は、組合員との物理的な距離を遠くし、心理的な距離も遠くした。ＪＡと組合員のつながりが、薄れたのである。

以上の組合員の多様化とＪＡの広域合併に対応して、ＪＡと組合員のつながりを強化する取り組みも変化してきた。歴史的にみると、ＪＡと組合員のつながりは、事業を出発点として、組合員教育やさまざまな活動の広がりによって進められてきた。

そして、近年では、組合員加入促進運動や支店協同活動などの取り組みがみられる。また、２０２０年現在、ＪＡと組合員のつながりの強化を体系化したアクティブ・メンバーシップの取り組みが進んでいる。こうした新しい取り組みは、協同組合運動の枠組みにとどまらずに、経営戦略（本書でいうところの経営政策）に位置づけられていることが特徴であろう。すなわち、今日のＪＡと組合員のつながりの強化は経営戦略に位置づけられた「組合員政策」といえる。

本章の課題と目的

そこで、本章では、ＪＡと組合員のつながりに焦点を当てて、協同組合運動から「組合員政策」へと変化する歴史的な過程を明らかにすることを目的としよう。

まずは、ＪＡ全国大会の議案・決議を中心に、ＪＡと組合員のつながりとそれへのＪＡの対応を時系列に沿って整理する（第1節）。次に、ＪＡと組合員のつながりそのものに注目して、その構造を試論として検討し、「組合員政策」へと変化した歴史的な過程を整理する（第2節）。そして、ＪＡと組合員のつながりが「組合員政策」へと変化した背景の一つとして、組合員の多様化を概観する（第3節）。

以上の検討を踏まえて、現段階の「組合員政策」としてのアクティブ・メンバーシップに着目し、その取り組みを簡単に分析する（第４節）。最後に、本章のまとめとしてＪＡと組合員のつながりの歴史的な変容を整理しよう（おわりに）。

１．ＪＡ全国大会からみるＪＡと組合員のつながりの歴史

(1) 事業のつながりから教育のつながりへ（第10回大会から第13回大会）

第１回（１９５２年）から第９回（61年）の間の全国農協大会の議案・決議は、おもに政策提案、農業生産力の向上や農民の生活の向上のための事業のあり方、そして農協系統組織の再編などが主題であり、農協と組合員のつながりの直接的な言及は少ない。

大きな変化があったのは、64年の第10回大会決議である。そこでは、「事業に密接して協同組合精神を普及するとともに組合員教育として婦人組織や青年組織その他の各種グループ活動を促進すること、その他組合員教育に関する施設の充実をはかることが重要」「農協運動全体を支える大きな筋金として協同組合教育を徹底すること」[2]と記述された。

それまでの農協と組合員のつながりは、組合員の営農と生活の向上を目指した事業のつながりが重点課題であった。そして、第10回大会以降、組合員教育、協同組合教育という農協と組合員の新しいつながり＝教育が重点課題として浮かび上がったのだ。

続く67年の第11回大会では、「組合員の協同組合意識の高揚をはかる必要がある」と「教育活動」の重要性を掲げた。[3]ただし、その文脈は、「組合員の経済的社会的水準の向上」にあり、事業（≒協同活動）に結集するための協同組合理解なり、「協同組合意識の高揚」が必要だということだった。

今日に続く組合員とのつながりづくりの萌芽

70年の第12回大会で分科会の県代表の意見として、「農協理念・農協運動にたいする組合員、あるいは役職員の断絶(4)」という言葉が出た。これは、農協と組合員のつながりそのものが、現場の課題として強く認識されたことを表している。

そして、73年の第13回大会の情勢報告では、「組合員との結びつきが課題」という文言が現れる。この情勢報告は、第一次高度経済成長の経験を踏まえ、その後の農協を取り巻く環境変化が強く意識されている。そのうえで、全国農業共済協同組合連合会、農林中央金庫、岩手県農業協同組合中央会の組合員を対象としたアンケート調査を分析して、農協に対する組合員の行動や意識の見える化をしたところに大きな説得力がある。

そこで明らかになった組合員の行動や意識は、今日のさまざまなアンケート調査で明らかになった課題と軌を一にする。例えば、専業農家と兼業農家の間には、農協の訪問頻度や会合の出席頻度に大きな差があることが明らかとなっている。そのなかで、「組合員との結びつきが課題」と認識したのだ。(5)そして、組合員との結びつきを強めるための解決策の方向性は、営農経済事業と生活経済事業を中心とした事業対応が提示され、共同販売、共同購買への結集が期待されている。そのうえで、「合併農協は（中略）、ややもすると組合員から遊離した」とし、「組合員組織の強化、（中略）経営体制の強化、協同組合教育の徹底とあわせて、（中略）広報活動の強化につとめる必要がある(6)」とする。

70年代を前後して、農協の現場では、今日に続く組合員とのつながりづくりが萌芽《ほうが》した。関東地方の農協は組合員全戸訪問を１９６９年に始め、現在に続いている。また、中部地方の農協では農家婦人を対象とした組合員大学を１９７２年に始め、こちらも現在に続いている。

生活基本構想の提起

前後するが、第12回大会では生活基本構想が提起された。生活基本構想にみる農協と組合員のつながりで注目されるのは、「生活をたのしみ文化を高める活動」＝生活文化活動であろう。学習活動の推進や、趣味・創作・スポーツなどのグループ化、文化運動・体育運動の推進、社会奉仕活動の組織化[(7)]など、今日のＪＡ教育文化活動のなかの生活文化活動の出発点である。

この時点での生活文化活動の性格は、農協と組合員のつながりだけではなく、生活部会や生活班、各種グループなどの組合員組織化による組合員同士のつながりや、組合員個人の活動の広がりも目的としたものであったともいえる。そして、生活文化活動はＪＡ教育文化活動の一つの出発点として、今日につながっている。

(2) ＪＡと組合員のつながりの原型（第14回大会から第16回大会）

１９７６年の第14回大会の大きな特徴は、協同活動強化運動の展開である。協同活動強化運動は、「Ⅰ　組合員の営農と地域の農業を協同活動で強化する」「Ⅱ　物心両面にわたる明るいゆたかな生活を協同活動で実現する」「Ⅲ　組合員の協同活動にもとづく運営を強化する」の三つの柱から構成される。

Ⅰは営農経済事業への結集と組合員組織の育成が、Ⅱは生活経済事業への結集と組合員組織の育成が掲げられた。事業を通じた農協と組合員のつながりの強化に加え、自主的な組合員組織の育成に焦点が当たっている。組合員組織のなかには生活班や婦人部・商品研究グループなどに加え、購買委員会や健康管理委員会、店舗利用者の組織化や利用者モニターの設置などが掲げられた。

そして、Ⅲでは①組合員の意思反映、②協同組合教育・組合員教育、③経営体制の強化、④国民的理解を深める広報の強化という四つの具体的な方策が掲げられた。農協と組合員のつながりにおいて、ここで初めて、①組合員の「意思反映」という文言が出てくる。すなわち、協同活動強化運動の大きな特徴は、これまでの農協と組合員のつながりが事業＋教育であったのに対して、意思反映という次のステージが明確化されたことにある。それは、組合員による主体的な組合員組織化と、組合員組織に基づく新しい農協のガバナンスのあり方の提示といえる。

その内容も「集落ごとの座談会、組合員訪問など組合員との『話し合い』の場をいっそう活発に」「相談窓口を開設」「組合員相互間、および組合員と農協のコミュニケーションを強めるため、『農協だより』などの機関紙誌の定期発行」など、現在のＪＡの取り組みに共通する。(8)

一戸複数組合員化と准組合員

79年の第15回大会は、おおむね第14回大会の協同活動強化運動の継続（第2次3か年運動）である。しかし、前回大会の「意思反映」という文言は、「組合員の運営参加と組合員組織の整備強化」と、「運営参加」という文言に変わった。(9)また、その中身は、集落組織、生産部会、女性組織・青年組織の言及に加えて、「1戸1組合員という考え方を基本とするが、農業経営を実際に主宰する青年や婦人の農協加入をすすめる」と、一戸複数組合員化が挙げられた。そして、もう一つ注目すべきは、准組合員に言及している点にある。少し長くなるが、引用しよう。

「准組合員の農協運営への参加の強化については、協同組合教育・広報活動の実施とあいまって集落ごとの座談会、生活関係の事業運営委員会・各種組合員組織への積極的参加をすすめる。また、准組合員の加入については、農協が農業者に基礎をおいた組織であることをふまえ、協同組合運動に共鳴し、安定的な事業利用が可能なものを中心に加入をすすめる。(10)」

第15回大会では、①意思反映から運営参加へと文言が変わったこと、②一戸複数組合員化が本格的に提起されたこと、③准組合員に焦点が当たったこと、の3点が特徴である。それは、農協と組合員のつながりが、農家の世帯主を中心としたつながりから、女性、後継者、さらには准組合員まで、対象が広がったことを意味する。そして、そのつながりの領域は、事業、教育、生活文化活動、意思反映・運営参加まで広がった。それは、今日のＪＡと組合員のつながりの原型ともいえよう。

そして、82年の第16回大会では、「経営刷新強化方策」のなかで、「農協の組織基盤の強化・確立」と、「組織基盤」という言葉が初出する。ここでの具体的な方策は、教育、営農指導、生活・文化活動、組合員組織、准組合員対応の五つが提示された。なかでも、生活・文化活動の項目では、「組合員の意識が多様化」し、「組合員の農協離れ」とともに、「組合員と組合員の結びつき・連帯感をも喪失」と提起されている。[11] 農協と組合員のつながりと、組合員と組合員のつながりという、二つのつながりが課題として掲げられたのである。

(3) 運動から経営戦略へ　(第19回大会から第20回大会)

１９８５年の第17回大会、88年の第18回大会では、直接的な農協と組合員のつながりに対する言及は少ない。むしろ、「組合員のニーズ」という文言が頻出するようになる。[12] 農協と組合員のつながりは、組合員の事業や活動のニーズに焦点が当たり、それにいかに農協が応えるのかに焦点が当たっている。

91年の第19回大会になると、改めて「組合員との結びつきを基礎とした農協づくり」が農協の経営戦略として掲げられた。第19回大会以前の大会議案・決議では、教育や生活文化活動のなかで記述されることが多かった農協と組合員のつながりは、農協の経営そのものの課題かつ経営戦略へと、その立ち位置を変えたのだ。

その具体的な方策も、これまでとは少し異なる項立てとなっている。まず、(ア)組合員とのふれあい活動の強化が位置し、その次に、(イ)組合員加入の促進、(ウ)青年部・婦人部からの総代・理事の選出が来る。その後、(エ)組合員と地域住民との交流促進、(オ)多様化・高度化する利用者ニーズへの対応強化、(カ)新規事業への積極的な取り組みと並ぶ。[13]

(ア)組合員とのふれあい活動の強化では、「組合員と農協のきずな・信頼関係の強化をはかるため（中略）日常的な訪問活動を行います」とある。この第19回大会の書きぶりの変化は、これまで重点がおかれた組合員組織の育成や、協同組合教育・組合員教育とは異なり、個人の組合員を対象としたつながりの強化が掲げられている点に特徴がある。

「戸」から「個」へ

94年の第20回ＪＡ全国大会（以下、全国農協大会の略記と同様に大会とする）では、「組合員の意思反映・結束強化をはかる組織運営」として、第19回大会とはいくつかの異なる方向性を具体的に打ち出した。まず、「戸中心の考え方から、個重視に改め（「戸」から「個」へ）」と大きな方向転換をする。そのうえで、集落組合員組織の強化、事業利用者の組織化、生活・文化サークルの組織化など、組合員組織化が表舞台に返り咲いた。さらに、組合員の意思反映に関わって、組合員アンケートの実施や支店運営委員会、利用者懇談会などの強化が提起された。[14]

第19回大会と第20回大会の違いは、ＪＡと組合員のつながりが意思反映・運営参加にビルドインされたことである。同時に、組合員の意思反映・運営参加が、組合員組織の強化と併せて論じられたことであろう。

(4) JAと組合員のつながりのさまざまな形（第21回大会から第27回大会）

その後、1997年の第21回大会では、MS（Members Satisfaction：組合員の満足）、CS（Corporate Satisfaction：経営体の満足）、ES（Employee Satisfaction：職員の満足）という新しいキーワードが導入された。[15]

2000年の第22回大会では、おおむね第20回大会を踏襲しつつ、JAの新たな取り組みの事例として、准組合員の加入促進と組織化、集落組織の再編などが取り上げられた。[16]

取り組み自体の基調は変わらないものの、03年の第23回大会以降では、JAの組織基盤の強化として、JAと組合員のつながりの強化（結びつきの強化）が位置づけられていく。第23回大会では、「農村地域の高齢化に伴い、農業人口の減少・組合員の減少」「組合員の世代交代」[17]、06年の第24回大会では、「今後10年間にJAと結びつきの強い正組合員層の大量リタイア」[18]と、正組合員の世代交代が強く意識されている。この正組合員の世代交代が最も強く意識されたのは12年の第26回大会であり、大会の主題そのものが「次代へつなぐ協同」とされ、世代交代と組合員の組織基盤強化、そして支店を核とした組合員とのつながり強化が明示された。[19]

第23回大会から第26回大会の間では、組合員の加入促進運動にも力点がおかれている。そこでは、組合員ニーズの把握と事業利用メリット・組合員加入メリットの創出が提示された。[20]組合員加入促進によって、組織基盤と事業基盤としての組合員を増やすという経営戦略が、JAと組合員のつながりの新しい形として表れたのだ。

第26回大会では、そのJA経営基盤戦略のなかで、「組合員ステージアップ戦略」が描かれていることに注目したい。組合員ステージアップ戦略は、縦軸に組合員の利用の深化（JA利用度、ロイヤリティ）を、横軸に組合員拡大による事業の裾野の拡大をおいた事業基盤の拡大戦略である。[21]JAと組合員のつながりを事業基盤、そして経営基盤の拡大戦略すなわち、経営戦略として描いたのである。

新しいＪＡと組合員のつながりの形

同時に、１９９０年代後半から２０００年代にかけて、ＪＡの現場ではさまざまな新しいＪＡと組合員のつながりの形が生まれた。例えば、１９９８年に九州地方のＪＡで始まった大規模な農家組合員への総合的な個別事業対応は、ＴＡＣ（Team for Agricultural Coordination）として、全国的に広がった。それまでのＪＡの営農指導事業と営農経済事業は、集落組織や生産部会を対象とした組織事業対応が中心であったが、03年の第23回大会、06年の第24回大会以降、個別事業対応へと軸足を移し始めた(22)。

第26回大会で柱の一つとなった支店協同活動、支店行動計画は、２００３年に九州地方のＪＡで始まった支店行動計画や、04年に近畿地方のＪＡで始まった支店運営委員会の改革などから全国に広がった。都道府県域に応じて、その呼び名は異なるが、支所支店を核に、地域の組合員が結集してさまざまな協同活動を実践している。これもまた、ＪＡと組合員のつながりの一つの形であろう。

2．ＪＡと組合員のつながりの構造

(1) ＪＡと組合員のつながりの五つの歴史的な形態

ここまでみたように、全国大会議案・決議におけるＪＡと組合員のつながりの議論は、大きく四つの歴史的な段階を経た。もちろん、１９６４年の第10回大会以前にも、ＪＡと組合員のつながりの記述は存在する。それは、総合農協では集落など共同体のつながりを基盤とする総合事業利用を通じたつながりであろう。また、専門農協では集出荷場・選果場とマークに結集する販売協同のつながりであろう。いずれも事業を通じた集団的なつながりであり、これを戦後農協における農協と組合員のつながりの歴史的形態の第一形態と規定し、「事業」型として捉えたい。

そして、①第10回大会から第13回大会の期間（60年代から70年代前半）は、事業利用＝協同活動が後退しつつあり、その課題に対応すべく協同組合教育・組合員教育を通じた農協と組合員のつながりの強化が図られた。これを第二形態と規定し、「事業＋教育」型と捉える。また、第12回大会では、生活基本構想が掲げられ、生活文化活動が、新しい農協と組合員のつながりとして表れた。

次に、②第14回大会から第16回大会の期間（70年代後半）の農協と組合員のつながりは、事業＋教育＋活動（生活文化活動）＋参画（意思反映・運営参加）と領域を広げていく過程である。これは今日のＪＡと組合員のつながりの基本構造といえ、これを第三形態と規定し、「事業＋教育＋活動＋参画」型として捉える。

運動から経営戦略へ

③第19回大会から第20回大会の期間（90年代）のＪＡと組合員のつながりは、経営戦略としての色合いが濃くなる。第三形態の「事業＋教育＋活動＋参画」を踏襲しつつ、ＪＡと組合員とのつながりそのものに焦点が当たるとともに、経営戦略の一環として位置づけられていった。その中身は、特に参画と結びついた対応が取られた。これを第四形態と

図１　ＪＡと組合員のつながりの歴史的な変化

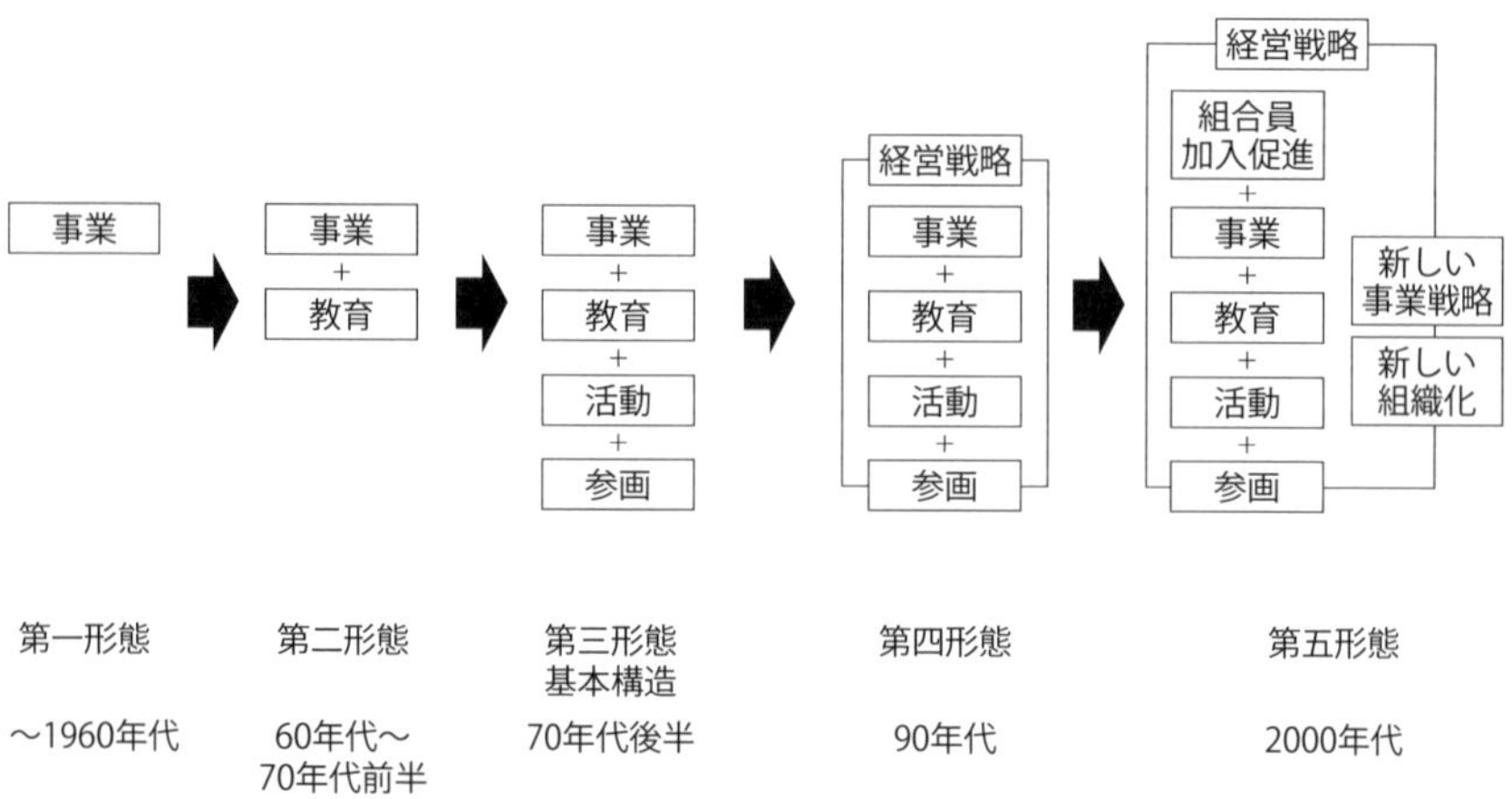

資料：筆者作成。

規定し、「経営戦略＋参画」型と捉える。

そして、④第21回大会以降（２０００年代）は、組合員加入促進運動による事業基盤、経営基盤拡充の色合いがいっそう強くなった。他方で、新たなＪＡと組合員のつながりの形が草の根的に生まれ、全国に展開する。新たなＪＡと組合員のつながりの形は、ＴＡＣなど個別事業対応にみられるような事業戦略や、支店協同活動にみられるような新しい組合員組織化である。これを第五形態と規定し、「経営戦略＋新しい事業戦略と新しい組織化」型と捉えよう（図１）。

以上から、90年代以降、ＪＡと組合員のつながりは、協同組合運動から、経営戦略へとその位置づけが大きく変わったといえる。経営のなかで意識されるようになったことで、ＪＡと組合員のつながりの強化は「組合員政策」へと変化したのである。

(2) ＪＡと組合員のつながりの構造

以上の歴史的段階を踏まえ、ＪＡと組合員のつながりの構造を検討してみよう。

第一に、ＪＡと組合員のつながりの出発点は、事業の利用にある（事業）。課題を共通する組合員が、事業に結集して課題解決を行うという、協同組合と組合員の根源的なつながりである。

第二に、教育は、ＪＡと組合員のつながりを強くする。第10回大会決議では、「農協活動の強化は単にその組織を整備し、経営を合理化するだけで達成できるものではない。（中略）この組織のなかに自立・自主、互助・協同の精神を徹底することが協同組合教育の主眼である」[23]と、協同組合教育を定義している。

第三に、活動は、生活文化活動の領域であるが、それはかならずしも事業利用にかぎらない。むしろ、組合員と組合員のつながりの「場」であり、また教育の「場」としても位置する。「場」への参加を通じて、組合員と組合員のつながりを強め、そしてＪＡと組合員のつながりを強めるという重層的なつながりの形である。

第四に、参画（＝意思反映・運営参加）は、組合員の組織である協同組合として、組合員が主体的に運営に関わることを担保する。ただし、そのつながりの形は、役員や総代といった直接的にＪＡの運営に関わる基本的なルートだけではなく、生産部会や女性組織、青年組織といった組合員組織を通じた意思反映の機会などもある。さらにアンケートや支店運営委員会、利用者組織、利用者モニターなど意思反映の機会を複線化することで、ＪＡと組合員のつながりの形を広げている。

以上の四つが、ＪＡと組合員のつながりの基本的な構造といえる。付け加えるとするならば、ＪＡへの加入、すなわち出資もＪＡと組合員のつながりの形である。同時に剰余金の配分である出資配当・事業利用配当（分配）も、ＪＡと組合員のつながりの形であろう。

(3) 経営戦略としての「組合員政策」へ

１９９０年代以降、ＪＡと組合員のつながりの位置づけは大きく変化した。ＪＡと組合員のつながりは、組合員にいかに関わるかという運動論から、組合員とのつながりを強めていくことがＪＡ経営の戦略、政策として位置づけられるようになった。いい換えれば、ＪＡにおける「組合員政策」の萌芽である。

ＪＡと組合員のつながりが「組合員政策」として、ＪＡ経営の基本的な戦略に位置づけられると、ＪＡと組合員のつながりを強めていくことがＪＡの主要な経営課題となった。つながりを強めるための事業、教育、活動、参画が求められるようになり、それぞれのつながりの形が議論されていくようになる。その過程では、ＣＳ、ＭＳ、ＥＳという言葉が導入され、さらには、集団的事業対応から個別事業対応へと、事業の形にも大きな変化をもたらした。

また、生活文化活動もＪＡと組合員のつながりを強める「組合員政策」の一つとして位置づけられるようになった。そして、生活文化活動は、教育と組合員組織化、広報などと結びつき、新たに「ＪＡ教育文化活動」

として体系的に再構成された(24)。

そして、２０００年代に入ると組合員加入促進運動が、ＪＡの事業基盤、経営基盤の戦略として、重要性を増した。組合員加入促進運動の背景には、正組合員層の世代交代への対応と同時に、員外利用規制の法令遵守を目的とした正組合員世帯員の組合員化と准組合員の加入がある。もちろん、信用事業・共済事業を中心として事業基盤の拡大も企図された。組合員加入促進運動もまた、ＪＡの経営戦略のなかでの、ＪＡと組合員のつながりを量的に広げようとする「組合員政策」であったといえる。

３．組合員の多様化とＪＡと組合員のつながり

(1) 組合員の多様化の歴史的変化

ＪＡと組合員のつながりを考えるうえで、欠かせない要素が組合員の多様化である。そもそも、ＪＡ全国大会議案・決議のなかでのＪＡと組合員のつながりの議論の一つの出発点は、組合員の多様化にある。

産業組合以来、農協の正組合員は比較的に均質な農家の世帯主層を中心としてきた。しかし、高度経済成長期を迎えるに当たって兼業農家が増加し、農家の階層分化が進む。その後、昭和一桁世代（＝第一世代）の後継者層が増加して世代間の多様化が進んだ。さらに、女性の社会進出や農村女性の活躍が広がり、世帯主にかぎらない多様な農家組合員（後継者、女性など）が増加した。

１９７０年代には、都市部を中心に准組合員が増加した。それまでの組合員の多様化が、農家組合員の多様化であったのに対して、非農業者という新しい属性の組合員が増加したことは、「准組合員問題」として、職能組合か地域組合かという農協のあり方に関わる議論を呼び起こした(25)。

今日のＪＡの組合員の多様化は、より複雑化している。正組合員は、農家らしい農家が少数派になり、高齢

農家や自給的農家、土地持ち非農家などへの分化も進んでいる。他方で、大規模化した農業経営体も増加している。

准組合員も著しく増加するとともに、また分化している。農家子弟など正組合員の世帯員が准組合員となっている例も多いし、昔から地域に居住する准組合員、賃貸住宅などに住む新住民の准組合員も増加した。歴史的に組合員の多様性は複雑化し、当然のようにJAと組合員のつながりも多様化している。

ただし、組合員の分化は明確な線引きができるものではなく、むしろ、組合員の多様化の実態は、組合員それぞれの食や農との関わり方、JAとの関わり（距離）に応じて、その垣根が低くなっているといえる。いい換えれば、属性などの明確なセグメントで区切られているのではなく、組合員の多様化にはグラデーションがみられる。

(2) 行動と意識からみた組合員の多様化

組合員の多様化にみるグラデーションは、まず、事業の利用度合いや、活動への参加度合い、JA運営への参加度合いなど、行動面でのグラデーションがある。相当に雑駁《ざっぱく》な類型化を図るならば、複数事業利用する組合員と、単一事業利用の組合員が挙げられる。前者は正組合員に多く、後者は准組合員に多いというのがステレオタイプな組合員像だが、実態はより複雑である。

そのうえで、事業のみを利用する組合員と、事業に加えて活動やJA運営に参加する組合員が存在する。そして、今日では、活動のみに参加する組合員や、JA運営のみに参加する組合員も存在する。例えば、活動のみに参加する組合員は、女性にかぎらない。支店協同活動や男の料理教室などに参加する准組合員男性も増加している。正組合員の世帯主層のうち、特に高齢の正組合員は、農業経営の一線からは引いているものの、総代などを務めることで、JA運営のみに関わる事例もみられる。

アンケートにみる組合員の四類型

以上は、組合員の行動面からみたＪＡと組合員のグラデーションの一例である。ここに組合員の意識面を加味すると、より複雑な組合員の多様化が現れる。組合員の意識とは、例えば、ＪＡへの親しみの度合いや、ＪＡ・協同組合への理解である。

図２は、ＭＳアンケート結果の速報値を利用し、組合員の多様性を模式化して示したものである（２０１８年度、77ＪＡ）。横軸には、組合員の事業利用の度合い、活動参加への度合い、組織加入の実数、意思反映機会への参加の度合い、役職の経験など、組合員の行動そのものを数値化して積み上げ式で加算している。いわば、組合員の「行動点」というべき指標である。縦軸には、ＪＡへの親しみの度合い、ＪＡの必要性、ＪＡ・協同組合の理解の度合いなど、組合員の意識そのものを数値化して積み上げ式で加算している。いわば、組合員の「意識点」というべき指標である。

グラフの右に行くほど、そして上に行くほど、ＪＡに積極的に関わる組合員ということになる。対して左に行くほど、そして下に行くほど、ＪＡとの距離があ

図２　アクティブ・メンバーシップアンケートにみる組合員の四類型

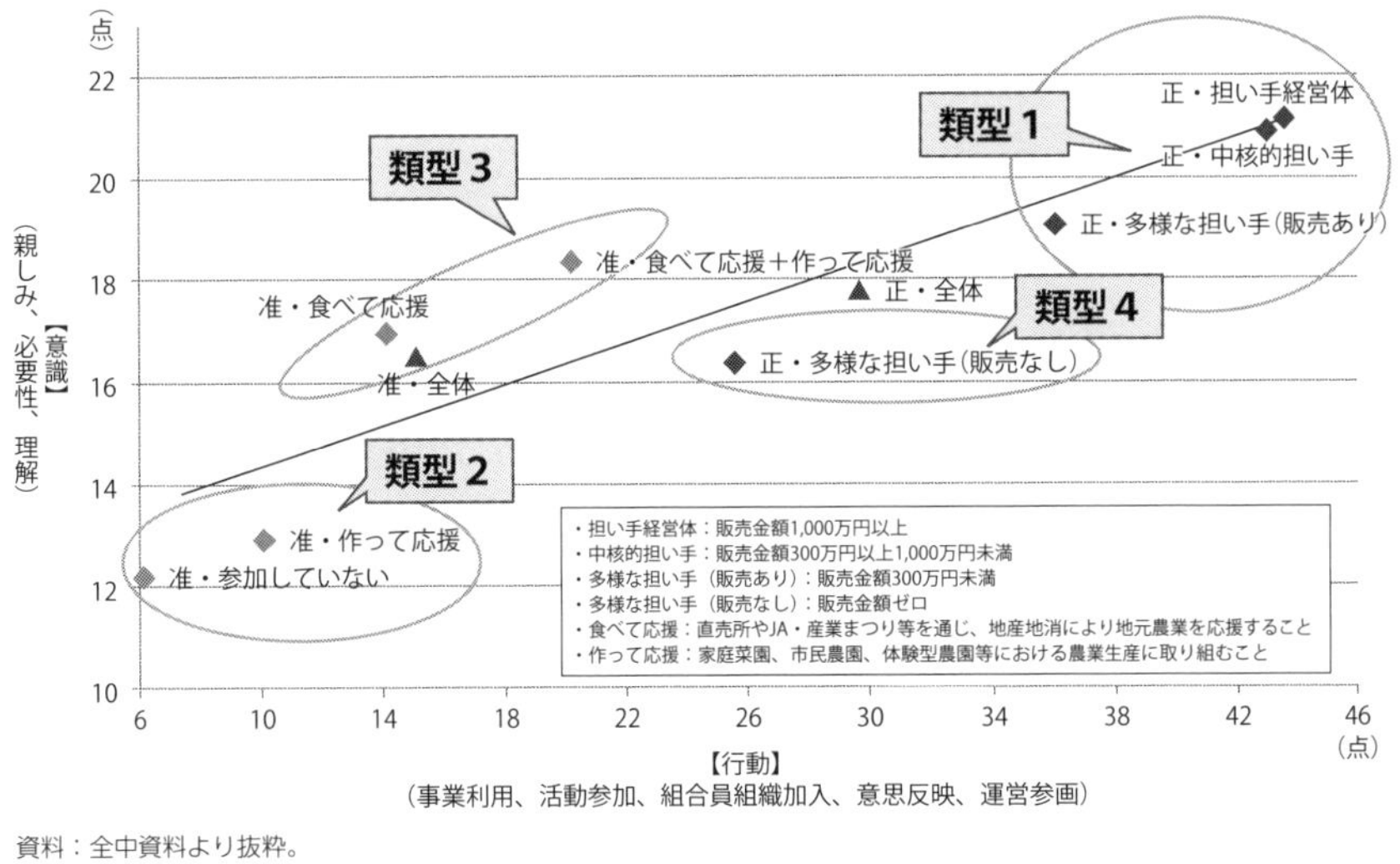

資料：全中資料より抜粋。

る組合員ということになる。

これをみると、四つの類型が現れた。まず類型1は、正組合員のうち農業を主とする経営者群から構成される。正組合員の「担い手経営体」(販売額1000万円以上)、「中核的担い手」(販売額300万円以上1000万円未満)といった階層は、やはりJAの事業利用の頻度が高く、活動や組織への参加、JA運営への関与も高い。販売額が300万円未満の「多様な担い手(販売あり)」の階層も、JAへの関与は高い。

対して、類型2は、単一事業利用型の准組合員で構成される。信用事業や共済事業の利用者であり、そのなかにはJAが実施するキャンペーン金利などを契機として事業利用を開始した准組合員も多い。これらの階層は、JAとの関わりの度合いが低く、JAへの意識も低い。このように類型1と類型2は、相当にデフォルメ化された「農業者としての正組合員像」対「農業と関わりがない准組合員像」という構図を描き出す。

しかし、類型3は、デフォルメ化された構図を覆す類型となった。准組合員のうち、農産物直売所や、生活購買店舗をよく利用する准組合員の多くは、食や農に関心が高く、特にJAに対する親しみの度合いが高い階層である。こうした「農業の応援団」ともいうべき類型が、准組合員のなかに相当程度、存在することがわかった。しかも、類型2と類型3を比較したうえで、准組合員の全体の平均値をみると、類型3のほうが分厚く存在していることもわかる。すなわち、食や農に関心が高く、JAに親しみを持つ准組合員という類型3は、かならずしもニッチな存在ではなく。むしろその割合は高いという結果が表れた。

問題は類型4である。類型4は正組合員のうち、販売事業の利用がない(販売額の扱いがない)正組合員である。例えば、高齢化により農地を貸し付けるなど農業生産から遠くなった正組合員である。こうした農業生産から遠くなった正組合員は、コメ兼業地帯などに多く存在する。そして、こうした販売事業の利用がない正組合員は、JAに対する意識が比較的に低いことがわかった。その行動点は准組合員よりも高いものの、その意識点は准組合員の平均値とおよそ変わらないのである。さらに正組合員の全体の平均値の位置をみるかぎり、こうした販売事業の利用がない正組合員は、正組合員のうち、相当の割合を占めていることもわかった。

(3) ＪＡと組合員のつながりの物理的・心理的な距離

組合員自体の多様化が進み、その多様化自体がグラデーション化する一方で、ＪＡと組合員の物理的・心理的な距離も、歴史的に大きく変化した。端的にいえば、ＪＡの広域合併と支所支店や利用施設などの拠点の統廃合・再編である。

戦後農協は、１９５５年時点で１万２３８５農協である。これは１９２０年の地方公共団体数１万２２４４にほぼ等しく、農協＝むら（明治合併村、小学校区）であったことがわかる。その後、経営の安定化のために広域合併を進めた結果、２０１８年時点の総合農協統計表では６３９ＪＡとなった。

また、組合員との直接的な接点としての本店、支所支店、出張所の合計数は、１９８０年時点で１万６１５７か所であったのに対し、２０１８年の合計数は８２１８か所とおよそ半減している。２０１８年時点の公立中学校が９４２１校であったことから、現在のＪＡの組合員との接点としての本店、支所支店、出張所数は、中学校区を下回る規模まで再編が進んでいる[26]。

もちろん、それぞれのＪＡの立地条件などで異なるが、少なくともＪＡと組合員の物理的な距離は広がった。平成合併前の市町村に一つの支所支店と、再編が進んだＪＡも少なくない。さらに、２０２０年４月時点の５８４ＪＡと、より合併が進んだ。これは、西日本を中心に県域での広域合併が進んだ結果であり、東日本でもより広域なＪＡ合併が進みつつある。

マトリックス構造としての組合員政策

こうしたＪＡと組合員の物理的な距離の広がりに対して、支店協同活動や支店だより、新しい組合員組織化など、さまざまな新しい取り組み＝「組合員政策」を通じて心理的な距離を縮めようとしているのも、今日の

ＪＡの特徴である。

そして、ＪＡと組合員の心理的な距離として改めて注目できる点は、ＪＡの知名度やＪＡに対する信頼度だ。近年、貯金吸収力が著しく高い近畿地方のＪＡのトップにその要因を聞くと、密接な訪問活動や支店協同活動はもちろんだが、「ＪＡという看板、のれんへの信頼」という言葉が返ってきた。本稿ではその分析に踏み込むことはできなかったが、「看板、のれん」というＪＡの知名度と信頼感は、ＪＡと組合員の心理的な距離の近さにほかならない。

以上の、ＪＡと組合員の物理的な距離と心理的な距離は、そのまま、物理的な距離＝行動面でのＪＡと組合員のつながり、心理的な距離＝意識面でのＪＡと組合員のつながり、ともいい換えることができよう。前節でみたＪＡと組合員のつながりの基本的な構造である(A)事業＋教育＋活動＋参画（＋出資・分配）と、(B)組合員の行動面と意識面でのつながりをクロスしたマトリックス構造が、ＪＡと組合員のつながりの現在形を示すものと考えられる。

同時に、このマトリックス構造が、今日のＪＡの「組合員政策」の一端を表している。協同組合運動としての基本的な構造だけでは、多様化した組合員のすべてに対応することは難しい。行動面と意識面からみた組合員の類型それぞれに対応したつながりの強化が求められているのである。

4．ＪＡ自己改革とアクティブ・メンバーシップ

(1) アクティブ・メンバーシップの構造

２０１５年の第27回大会では、新しい概念として「アクティブ・メンバーシップ」が提起された。アクティブ・メンバーシップとは、「組合員が積極的に組合の事業や活動に参加すること」とする。そのうえで、「組合

員が地域農業と協同組合の理念を理解し、『わがＪＡ』意識を持ち、積極的に事業利用と協同活動に参加すること」と定義される[27]。

図3はアクティブ・メンバーシップの全体像を示している。加入から理念共有を経て、さらに複合事業利用・活動への複数参加によりメンバーシップを高め、最終的には意思反映や運営参画に関わっていくという組合員のステップアップ戦略を明確化している。

詳しくみていこう。アクティブ・メンバーシップの第一の特徴は、ＪＡ未加入者を対象に、事業利用と組合員加入から出発していることだ。ＪＡの事業基盤、経営基盤の戦略である組合員加入促進運動が、ＪＡと組合員のつながりのなかに位置づけられたといえる。また、事業から出発している点において、前出したＪＡと組合員のつながりの構造の第一形態である「事業」型と共通する。

次に、地域農業・協同組合・ＪＡへの理念の共有が位置する。これは、前出したＪＡと組合員のつながりの構造の第二形態である「事業＋教育」型に共通する。

その先に、事業の複合利用と、活動の複数・２段階参加が位置する。特に注目したい点は、活動の複数・２段

図３　アクティブ・メンバーシップの全体像

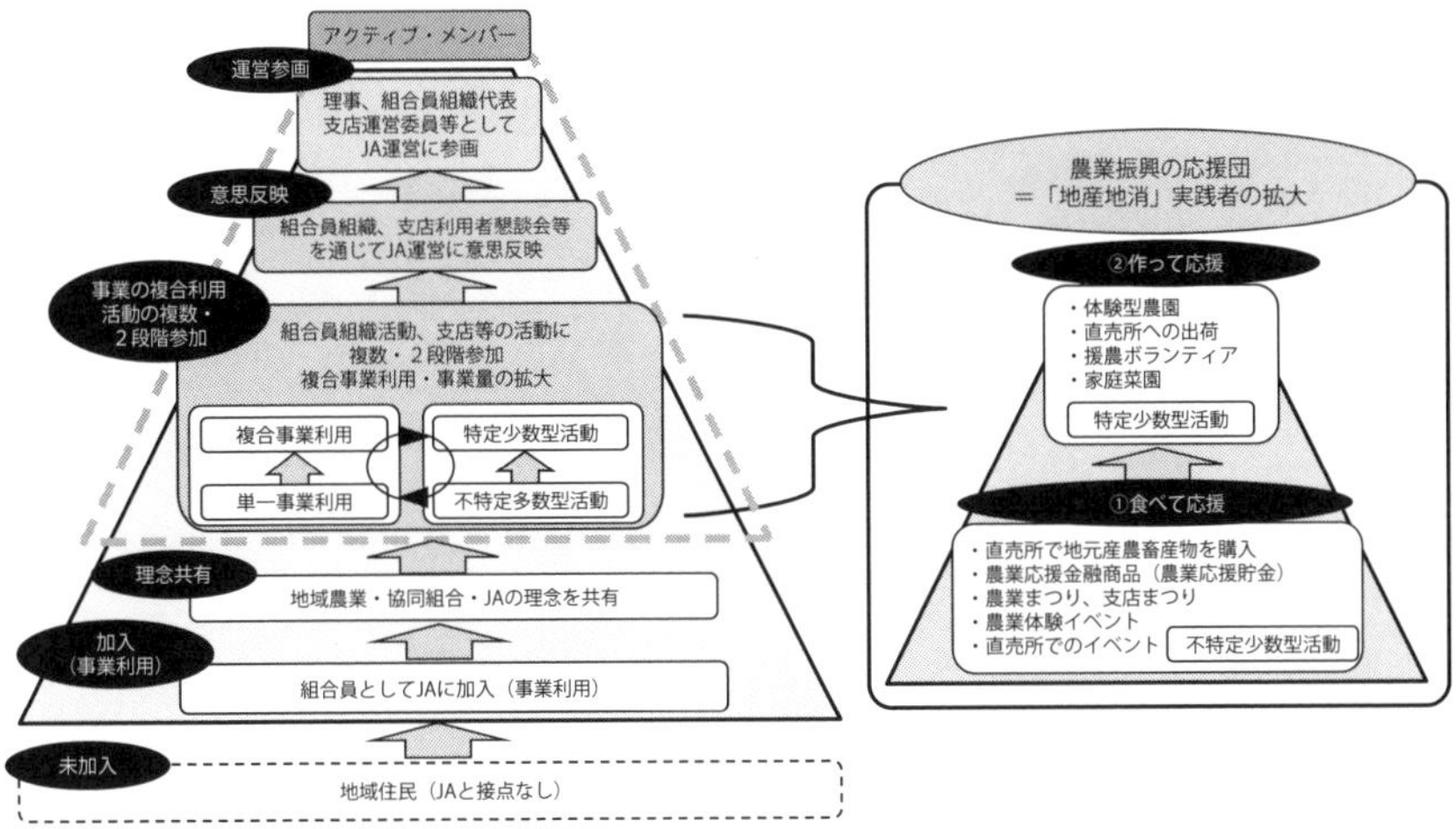

資料：第27回ＪＡ全国大会議案より転載。

階参加であり、ここにアクティブ・メンバーシップの第二の特徴がある。活動は、不特定多数型活動と特定少数型の二つの類型が示されていて、不特定多数型活動への参加から特定少数型活動への参加というステップアップが提起されている。ここでいう不特定多数型活動とは、不特定多数の参加を可能とする単発・イベント型の活動として、ＪＡまつりや農業まつり、支店まつり、農業体験イベントなどが該当する。特定少数型活動とは、特定の組合員を参加対象とする複数回開催型の活動として、市民農園・体験型農園や組合員大学、農業塾、料理教室などが該当する。

不特定多数型活動を、活動におけるＪＡと組合員のつながりの第一歩として捉え、そこを出発点としている。そのうえで、組合員個々の関心に応じて、特定少数型活動へと参加の機会を増やすことで、ＪＡと組合員のつながりを強化しようという考え方だ。さらにその先には、組合員組織への参加が意識されている。

アクティブ・メンバーシップの第三の特徴は、参画を、意思反映と運営参画の２段階に位置づけている点である。意思反映は、「組合員組織や支店利用者懇談会等を通じてＪＡ運営に意思反映」するとされ、比較的に間口が広い。わかりやすくいえば、組合員が意見を伝える機会や場ということだ。対して、運営参画は、「理事、組合員組織代表、支店運営委員等としてＪＡ運営に参画」とされ、対象となる組合員は少数化される。大規模化したＪＡですべての組合員がここで示される運営参画に関わることは現実的ではない。そうした意味では、アクティブ・メンバーシップが示すＪＡと組合員のつながりの目指すべき到達点は、大多数の組合員にとっては意思反映であり、さらにその先に運営参画が位置する、というところであろう。

組合員政策としてのアクティブ・メンバーシップ

以上の分析を踏まえて、アクティブ・メンバーシップの全体像を整理してみよう。アクティブ・メンバーシップは、すでにみたＪＡと組合員のつながりの基本構造である「事業＋教育＋活動＋参画」に組合員加入を加えた構造であり、そしてＪＡの経営戦略として位置づけられていることがわかる。すなわち、アクティブ・メンバーシップは、現段階のＪＡにおけるＪＡと組合員のつながりの目標とする到達点と、その道筋を示しているのである。同時に、このアクティブ・メンバーシップが、現在のＪＡの「組合員政策」の概観でもある。

そして、第26回大会で提起された「組合員ステージアップ戦略」との違いも明らかである。組合員ステージアップ戦略が、事業基盤と経営基盤の拡大をねらったのに対して、アクティブ・メンバーシップは、組合員の主体的なＪＡとの関わりを高めることが目的とされている。アクティブ・メンバーシップは、組合員の組織としての協同組合の再構築の過程を戦略的に、すなわち「組合員政策」として、示したものであるといえよう。

(2) ＪＡ自己改革のなかでのＪＡと組合員のつながり

アクティブ・メンバーシップの図をみると、向かって右側に准組合員のステップアップ戦略が描かれている。准組合員に対しては、「食べて応援」から「作って応援」というステップアップを描き、農業振興の応援団として位置づけることを提起している。

「食べて応援」は、「直売所で地元農産物を購入、農業まつり、支店まつり」など不特定多数型活動であり、間口の広い出発点となっている。「作って応援」は、「体験型農園、直売所への出荷」など特定少数型活動であり、農業により関わる准組合員像が期待されている。そのうえで、「地産地消」実践者の拡大によって、准組合員を農業振興の応援団と位置づけた。

もちろん、准組合員の位置づけは、それぞれの環境に応じてそれぞれのＪＡが位置づけるものであり、あくまでＪＡと准組合員のつながりの形の一つの提起である。

同時に、それは、農協改革のなかでの准組合員の事業利用規制に対応した取り組みでもある。農協改革の議論のなかで、『農業協同組合新聞』の取材に応じた農林水産省経営局長が、准組合員の位置づけとその意思反映について、「まず、（中略）自分たちで考えて社会に提案すべき」と発言している。[28] その後、２０１８年８月

25日には自民党農林関係合同会議のなかで「准組規制は組合員判断とする」と決議された[29]。

すなわち、農協改革への対応として、准組合員の位置づけなり、その意思反映といったことが、求められたのである。ＪＡの内側ではＪＡと組合員のつながりの強化であり、ＪＡの外側では農協改革における准組合員の事業利用規制に対応した取り組みとして、両面から運動が進みつつある。

そのうえで、18年下半期より、全国の多くのＪＡで「ＪＡの自己改革に関する組合員アンケート」と題する訪問型の組合員アンケート調査が実施された。その内容は、ＪＡの自己改革の成果について問う設問や、総合事業や准組合員制度の必要性について問う設問が用意されている。ＪＡグループは、この組合員アンケート調査の結果をもって組合員の声を結集して、農協改革に対応するとのことだ。

ここまでみたように、現時点でのＪＡと組合員のつながりへの対応は、ＪＡ内部の運動としてのアクティブ・メンバーシップの確立と、外部への対応（農協改革への対応）としての組合員アンケート調査という複線化がみられる。同時に組合員アンケート調査は、ＪＡ役職員の訪問による調査を前提としており、これを機会として組合員との対話を深めるという、個別の組合員に対応した「対話運動」に結びつけて展開されている。

こうした個別の組合員に対応した運動は、事業のなかでこそ個別事業対応として先行したが、全国的に実施するという点において、これまでのＪＡ運動の歴史のなかではあまりみられなかった。集落を基礎とした基礎組織や、生産者集団としての生産組合対応、属性別の組織対応といった組織単位での対応がＪＡの一つの特徴であったと思われるが、こうした組織対応は、そこに参加する組合員が組織に包摂されるという一定の同質性を前提とする。しかし、今日の組合員の多様化を前提とすると、組織対応だけではカバーできないということであろう。いずれにせよ、今日の組合員の多様性を踏まえた新しいＪＡと組合員のつながりづくりが、はからずも外部圧力としての農協改革下で進みつつある。それは、他律的改革といわれるかもしれない。

しかし、農協改革に前後して、ＪＡと組合員のつながりに焦点を当てて、新たな対応に乗り出していた時期であることも無視できない。そして、准組合員制度は協同組合の組合員制度として、もう一度、表舞台の議論に上がったのである。

●おわりに

本章では、ＪＡと組合員のつながりに焦点を当てて、その変容と現段階を歴史的に整理して明らかにすることを目的とした。

ＪＡと組合員のつながりは、事業の利用を通じた集団的な対応を基礎とし、これを「事業」型として第一形態と位置づけた。そして、「事業＋教育」という第二形態を経て、１９７０年代以降、「事業＋教育＋活動＋参画」という、今日につながるＪＡと組合員のつながりの基本構造が成立した。もちろん、ＪＡと組合員のつながりには、出資と分配が含まれるが、本章では、それ自体、協同組合における組合員とのつながりの基本的な要素として、その分析を省略した。

90年代以降は、「事業＋教育＋活動＋参画」というＪＡと組合員のつながりの基本構造が、ＪＡの経営戦略に位置づけられていく。２０００年代に入ると、さらに組合員加入促進運動を加えて、事業基盤、組織基盤の拡大という経営戦略としての位置づけが、より深化した。すなわち、90年代を境に、ＪＡと組合員のつながりは、運動から経営戦略へと位置づけが大きく変化し、そして経営戦略に位置づくこと＝戦略的な対応として「組合員政策」が萌芽したのである。

ＪＡと組合員のつながりを考えるうえで、組合員の多様化は欠かせない論点である。今日のＪＡの組合員の多様化は、その垣根が低くなり、グラデーション化している。このため、属性などの明確なセグメント化は難しい。そこで、新たに組合員の行動と意識に着目して、ＪＡと組合員のつながりをアンケート結果から検証した。そこでは、大きく四つの類型が表れた。そして、ステレオタイプの正組合員と准組合員という二つの類型のほかに、食や農に関心が高い准組合員という類型と、農業から離れつつある正組合員という類型が表れた。

そして、今日のＪＡと組合員のつながりは、基本的な構造である⑷事業＋教育＋活動＋参画（＋出資・分配）と、⑻組合員の行動面と意識面でのつながりのマトリックス構造として把握する必要があることを明らかにした。多様化した組合員に対応するためには、運動としてだけではなく、ＪＡは戦略的に対応する必要に迫られているのである。

最後に、ＪＡ自己改革のなかでのアクティブ・メンバーシップの取り組みに注目した。アクティブ・メンバーシップは、基本構造である「事業＋教育＋活動＋参画」に組合員加入を加えたうえで、ＪＡの経営戦略に位置づけられており、今日の「組合員政策」の一つの形である。

そして、農協改革への対応のなかで、ＪＡと准組合員のつながりが表舞台の議論となったことが、もう一つの今日的な特徴である。ただし、ＪＡと准組合員のつながりを、単に農協改革への対応に終わらせたならば、それは課題の先送りにほかならない。組合員を主体とする組織として、ＪＡと組合員のつながりをいかに強めていくか、ということは、ＪＡが協同組合であり続ける以上、一丁目一番地の課題であり続けるのだ。

【注】

⑴ 全国農業協同組合中央会、第13回全国農協大会情勢経過報告、１９７３年、27頁
⑵ 全国農業協同組合中央会、第10回全国農協大会、農業協同組合情勢報告（案）、１９６４年、18頁
⑶ 全国農業協同組合中央会、第11回全国農協大会、農業協同組合情勢報告、１９６７年、18頁
⑷ 全国農業協同組合中央会、第12回全国農協大会決議、分科会報告、１９７０年、15頁
⑸ 全国農業協同組合中央会、前掲書、１９７３年、26～34頁
⑹ 全国農業協同組合中央会、前掲書、１９７３年、40頁
⑺ 全国農業協同組合中央会、第12回全国農協大会議案、農村生活の課題と農協の対策（案）―生活基本構想―、１９７０年、46～50頁
⑻ 全国農業協同組合中央会、第14回全国農協大会議案、１９７６年、35～52頁

(9) 全国農業協同組合中央会、第15回全国農協大会議案、Ⅳ協同活動強化第２次３カ年運動、１９７９年、93頁
(10) 全国農業協同組合中央会、前掲書、１９７９年、93頁。この経緯については、鈴木博編著『農協の准組合員問題』、全国協同出版、１９８３年、２～15頁に詳しい。
(11) 全国農業協同組合中央会、第16回全国農協大会議案、１９８２年、16～22頁
(12) 全国農業協同組合中央会、第17回全国農協大会議案、１９８５年、１７７～１７８頁、および第18回全国農協大会議案、基調報告、１９８８年、14～15頁など
(13) 全国農業協同組合中央会、第19回全国農協大会議案、１９９１年、35～37頁
(14) 全国農業協同組合中央会、第20回ＪＡ全国大会議案、１９９４年、40～42頁
(15) 全国農業協同組合中央会、第21回ＪＡ全国大会議案、１９９７年、74頁
(16) 全国農業協同組合中央会、第22回ＪＡ全国大会議案、２０００年、65～68頁
(17) 全国農業協同組合中央会、第23回ＪＡ全国大会議案、２００３年、75頁
(18) 全国農業協同組合中央会、第24回ＪＡ全国大会議案、２００６年、45頁
(19) 全国農業協同組合中央会、第26回ＪＡ全国大会議案、２０１２年、８頁
(20) 全国農業協同組合中央会、前掲書、２００３年、79～80頁
(21) 全国農業協同組合中央会、前掲書、２０１２年、78～79頁
(22) 全国農業協同組合中央会、前掲書、１９６４年、17頁
(23) 西井賢悟「農業構造の変化とＪＡの事業・組織」増田佳昭編著『ＪＡは誰のものか』、家の光協会、２０１３年、82～90頁ほか
(24) 教育文化活動の領域は、「教育・学習活動」「情報・広報活動」「生活文化活動」「組合員組織の育成活動」の四項目に整理される。家の光協会編『ＪＡ教育文化活動実践の手引き』、２０１７年、10頁
(25) 鈴木博編著、前掲書、１４０～１４２頁ほか
(26) ＪＡ数、本店・支所支店・出張所数は農林水産省、各年度総合農協統計表より。公立中学校数は文部科学省、平成30年度学校基本調査より。
(27) 全国農業協同組合中央会、第27回ＪＡ全国大会議案、２０１５年、22頁
(28) ２０１８年２月16日付、『農業協同組合新聞』
(29) ２０１８年８月25日付、『日本農業新聞』

第2章

組合員の意識と行動
――アクティブ・メンバーシップからの接近――

●はじめに

本章の課題は、組合員とJAのつながりを構造的・定量的に把握し、つながりの強化に向けた基本方策を明らかにすることにある。そのさいに、つながりを「アクティブ・メンバーシップ」と捉えて課題への接近を図ることとする。

JAグループは、第27回JA全国大会（2015年）において「組合員の『アクティブ・メンバーシップ』の確立」を決議した。同方針は次の第28回大会（19年）にも引き継がれ、現在、全国のJAが取り組んでいる自己改革の一つの柱を成している。

第27回大会で初めて登場したアクティブ・メンバーシップとは、ICAのポーリン・グリーン会長（当時）が提唱した言葉で、大会決議では「組合員が地域農業と協同組合の理念を理解し、『わがJA』意識を持ち、積極的な事業利用と協同活動に参加すること」と定義されている。(1) いわば組合員の意識と行動の両面における、JAとのつながりの程度を表したものといえるだろう。

この定義にある「『わがJA』意識」は、JAにおいて決定的に重要である。なぜならば、JAと競争関係にある一般企業において、その顧客がこのような意識を持つことはないからである。例えば、銀行の預金者がその預け先を指して「わが銀行」と呼ぶことはまずないだろう。しかしＪＡの貯金を利用する組合員は、利用先のＪＡを「わがＪＡ」という。ＪＡの組合員にあって企業の顧客にないのは組織の一員としての自覚であり、それこそが協同組合の競争力の源泉といわれている(2)。

「『アクティブ・メンバーシップ』の確立」とは、組合員の多様化のなかで、組合員とＪＡ、あるいは組合員同士のつながりを再構築して「わがＪＡ」意識を高め、協同組合としての性格の強化を目指すものである。ただしそれにとどまらず、事業体としての競争力の強化、すなわち協同組合らしい競争戦略としての性格も帯びているといえよう。

本章では全国のＪＡが実施したＭＳアンケート調査の回答データを用いて、以下の検討を行う。第一に、組合員の属性・類型別にみたＪＡとのつながりの状況を明らかにする。第二に、アクティブ・メンバーシップを構成する意識と行動の関係について明らかにする。第三に、行動面でのつながりから組合員を類型化し、アクティブ・メンバーシップの高いＪＡの特徴を明らかにする。以上を踏まえて第四に、組合員とＪＡのつながりの強化に向けた基本方策を提起する。

1．アクティブ・メンバーシップの基本概況

(1) 分析データの概要

本章で分析に用いるのは、全国１１３ＪＡ、正組合員６万７３３４人、准組合員８万１７５人、計14万７５０９人分のＭＳアンケートの回答データである。

１１３ＪＡの地域構成をみておくと、東北16ＪＡ、関東26ＪＡ、東海26ＪＡ、近畿17ＪＡ、その他28ＪＡなどとなっており、全国によく分散している。

表１は正・准組合員別に回答者の性別・年齢構成を示したものである。全体をみると、男性が67・４％、女性が30・９％となっており、男性のほうがかなり多い。この傾向は正組合員において特に顕著で、同組合員における男性の割合は79・６％となっている。これに対して准組合員では男性の割合は57・１％にとどまっている。

年齢別にみると、全体では男女ともに65〜74歳の割合が最も高く、以下、50〜64歳、75歳以上、49歳以下の順となっている。49歳以下の割合は男女ともに１割未満であり、特に正組合員の女性では０・７％にとどまるなどきわめて低くなっている。

(2) 農との関わりからみた組合員の類型

次に、回答者を農との関わりから類型化する。正組合員は農産物販売高に基づいて「３００万円以上」「３００万円未満」「販売なし」の３区分、准組合員は以下の３区分とする。

まず家庭菜園をはじめ、実際に農作物の栽培を行っている人を「農的生活実践者」とする。次に、農的生活実践者に該当しない人のうち、地元農産物を優先的に購入する意思を持ち、[3] 実際にＪＡの直売所を利用している人を「地産地消実践者」とし、農的生活実践者・地産地消実践者のいずれにも該当しない人を「その他」とする。

図１はこうした区分に基づく回答者の構成を示したものである。正組合員においては、３００万円以上が14・８％、３００万円未満が42・３％、販売なしが42・９％となっている。図出はしていないが、各区分における49歳以下の割合をみると、３００万円以上で12・６％、３００万円未満で３・９％、販売なしで３・３％、同

表１　正・准組合員別にみた回答者の性別・年齢構成

	計（人）	男性					女性					不明（%）
		小計（%）	49歳以下（%）	50〜64歳（%）	65〜74歳（%）	75歳以上（%）	小計（%）	49歳以下（%）	50〜64歳（%）	65〜74歳（%）	75歳以上（%）	
全体（正および准）	147,509	67.4	7.2	19.3	25.5	15.4	30.9	3.4	8.3	11.3	7.9	1.8
正組合員	67,334	79.6	4.0	24.1	32.3	19.2	18.8	0.7	4.8	7.2	6.1	1.7
准組合員	80,175	57.1	9.9	15.3	19.8	12.1	40.9	5.7	11.2	14.7	9.3	1.9

資料：JA全中提供データに基づき作成。

様に75歳以上の割合をみると、３００万円以上で11・９%、３００万円未満で24・０%、販売なしで30・２%となっている。容易に想定されることだが、若い正組合員は専業的な農家が比較的多く、高齢の正組合員は自給的な農家が多くなっている。

一方、准組合員においては農的生活実践者が51・５%、地産地消実践者が27・１%、その他が21・４%となっている。農的生活実践者はおよそ５割を占めており、准組合員であっても農業との関わりを持つ人は多いといえる。また、残りの５割のうち半数以上は地産地消実践者、いわば地域農業の応援者と呼びうる人となっている。図出はしていないが、その年齢構成をみると49歳以下が19・１%、50〜64歳が29・０%、65〜74歳が32・１%、75歳以上が19・８%となっている。49歳以下で２割近くを占めるなど、地元の農業を応援する動きは若い層にも広がっているといえる。

(3) 属性・類型別にみたアクティブ・メンバーシップ

前述したとおり、アクティブ・メンバーシップとは組合員の意識と行動の両面におけるＪＡとのつながりの程度を表すものである。ＭＳアンケートはそれらを点数化して

図１　農との関わりからみた回答者の構成

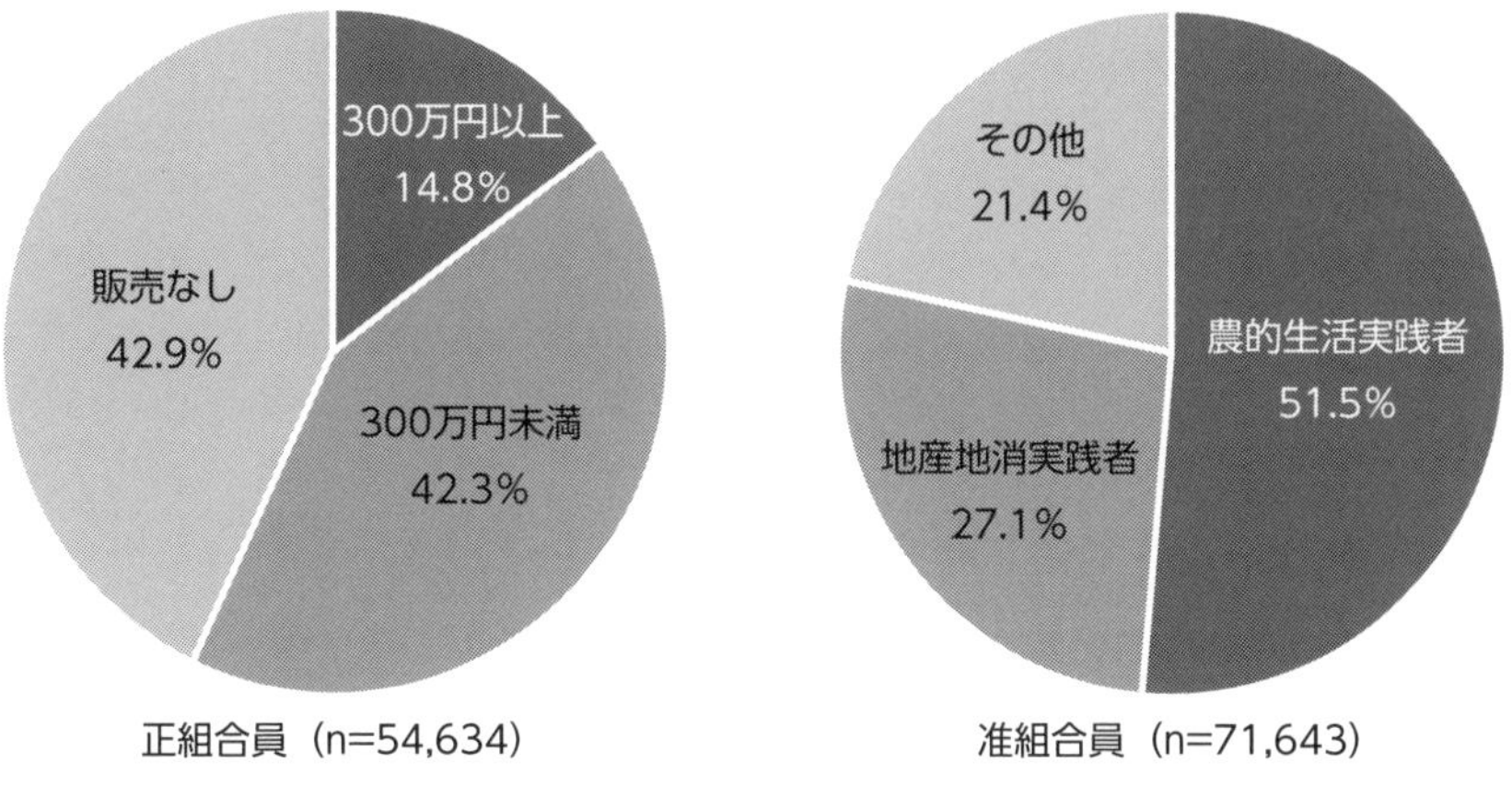

正組合員（n=54,634）　　准組合員（n=71,643）

資料：表１と同様。
注：集計にかかる設問の無記入者は除いたうえで集計。

「見える化」できるように設計されており、本章では、意識については「親しみ」「必要性」「連帯感」「理解」の4項目・各10点、行動については「営農事業利用」「信共事業利用」「生活事業利用」「活動参加」「組合員組織加入」「意思反映」の6項目・各10点を用いて考察を進めることとする。(4) なお、各項目の設問や点数化の方法は**表2**に示すとおりである。

表3は、実際に点数化した結果を属性・類型別に示したものである。全体では意識点の小計が21・1点、行動点の小計が18・9点となっている。正・准組合員で比較すると、意識点・行動点どちらの小計も正組合員のほうが高くなっている。両者で最も差が大きい項目は、意識点のなかでは「連帯感」で、正組合員の4・6点に対して准組合員では3・6点、行動点のなかでは「意思反映」で、正組合員の4・4点に対して准組合員では0・7点となっている。

図2は、**表3**に示される正・准別、性別・年齢別にみた行動点小計と意識点小計の分布状況を示したものである。図の右側に正組合員、左側に准組合員の各属性が集まっている。つまり、行動面でのJAとのつながりは正組合員においてより強いものとなっている。一方、図を上下に着目してみると、上側・下側ともに正・准組合員が混在している。准組合員のなかでは、男女49歳以下および50～64歳は図の上側に位置するなど意識点がやや高く、正組合員のなかでは、男女75歳以上が図の下側に位置するなど意識点が低くなっている。

また、正・准組合員の男女ともに年齢が高いほど下方に位置している。これには、高齢になると事業によっては利用する必要性が下がり、JAとの接点が少なくなること、みずから進んで加入したのではなく、相続で引き継いだ組合員の割合が高くなることなどさまざまな要因が想定される。とはいえ高齢層との意識的なつながりが弱い状況は、次世代に組合員資格を安定的に引き継いでいく観点からも、決して好ましいとはいえないだろう。

他方、**図3**は**表3**に示される農との関わり別にみた行動点小計と意識点小計の分布状況を示したものである。

表２　意識点・行動点の点数化の方法

		設問	点数化の方法
意識点	親しみ	「JAに親しみを感じる」（5段階尺度）	肯定的な回答から順に10点、7.5点、5点、2.5点、0点を配点
	必要性	「JAは自分にとって必要な組織である」（5段階尺度）	肯定的な回答から順に10点、7.5点、5点、2.5点、0点を配点
	連帯感	「JAには仲間がいる」（5段階尺度）	肯定的な回答から順に10点、7.5点、5点、2.5点、0点を配点
	理解	「JAと株式会社の違いがわかる」（5段階尺度）	肯定的な回答から順に10点、7.5点、5点、2.5点、0点を配点
行動点	営農事業利用	営農指導・販売・生産資材購買それぞれの利用状況（①ほぼすべてJA、②半分以上はJA、③多少はJA、④すべてJA以外、⑤自分には必要ないの5択）	①に10点、②に10×2/3点、③に10×1/3点、④・⑤に0点を配点し、3事業の平均点を算出
	信共事業利用	貯金・ローン・共済全般それぞれの利用状況（①ほぼすべてJA、②半分以上はJA、③多少はJA、④すべてJA以外、⑤自分には必要ないの5択）	①に10点、②に10×2/3点、③に10×1/3点、④・⑤に0点を配点し、3事業の平均点を算出
	生活事業利用	ファーマーズマーケット、Ａコープ、SS、葬祭などそれぞれのJAで実際に営んでいる生活事業の利用状況（①ほぼすべてJA、②半分以上はJA、③多少はJA、④すべてJA以外、⑤自分には必要ないの5択）	①に10点、②に10×2/3点、③に10×1/3点、④・⑤に0点を配点し、上位2事業の平均点を算出
	活動参加	農業まつり、支店でのイベント、ファーマーズマーケットでのイベントなど、それぞれのJAで実際に営んでいる活動への参加状況（①参加経験あり、②知っているが参加経験なし、③知らないの3択）	①を選んだ活動が二つ以上は10点、一つは5点、なしは0点を配点
	組合員組織加入	農家組合、生産部会、女性部、年金友の会など、それぞれのJAで実際に展開している組合員組織への参加状況（参加しているものをすべて選択）	選んだ組織数が二つ以上は10点、一つは5点、なしは0点を配点
	意思反映	総代会、支店単位の会合、集落単位の会合など、それぞれのJAで実際に展開している会合への参加経験（参加経験ありのものをすべて選択）	選んだ会合数が二つ以上は10点、一つは5点、なしは0点を配点

表３　属性・類型別にみた意識点と行動点

		該当数（人）	意識点（点）					行動点（点）						
			親しみ	必要性	連帯感	理解	小計	営農事業利用	信共事業利用	生活事業利用	活動参加	組合員組織加入	意思反映	小計
全体（正および准）		147,509	6.4	6.2	4.1	4.6	21.1	2.1	4.0	2.8	4.6	3.0	2.4	18.9
正組合員	計	67,334	6.4	6.5	4.6	4.9	22.4	3.3	4.4	3.0	5.1	4.7	4.4	25.0
	男性49歳以下	2,689	6.8	7.0	5.8	5.4	25.0	4.0	5.4	3.3	4.7	4.4	3.4	25.2
	男性50～64歳	16,228	6.6	6.8	5.1	5.5	24.1	3.7	4.9	3.2	4.4	4.4	4.6	25.0
	男性65～74歳	21,739	6.5	6.7	4.8	5.3	23.2	3.6	4.5	3.0	5.3	5.1	5.4	26.8
	男性75歳以上	12,917	6.0	6.0	4.1	4.2	20.3	3.1	4.0	2.6	5.4	4.9	5.1	25.1
	女性49歳以下	476	6.9	6.9	4.8	4.9	23.5	2.4	4.9	3.4	5.0	2.1	1.2	18.8
	女性50～64歳	3,203	6.8	6.8	4.6	4.8	23.0	2.8	4.8	3.5	5.5	3.6	2.1	22.3
	女性65～74歳	4,838	6.4	6.4	4.3	4.4	21.4	2.8	4.4	3.3	6.3	4.9	2.7	24.3
	女性75歳以上	4,125	5.8	5.6	3.6	3.2	18.2	2.1	3.6	2.3	5.3	4.0	2.2	19.5
准組合員	計	80,175	6.4	5.9	3.6	4.3	20.1	1.1	3.6	2.7	4.1	1.7	0.7	13.9
	男性49歳以下	7,931	6.6	6.5	4.4	4.6	22.2	0.9	4.8	2.6	3.3	0.7	0.5	12.7
	男性50～64歳	12,295	6.4	6.1	4.1	4.8	21.5	1.2	3.8	2.7	3.2	1.1	0.7	12.7
	男性65～74歳	15,839	6.2	5.7	3.4	4.7	20.0	1.2	3.3	2.7	4.0	1.9	0.8	13.8
	男性75歳以上	9,735	6.1	5.3	3.1	3.9	18.4	1.3	3.0	2.3	4.4	2.1	1.0	14.2
	女性49歳以下	4,592	6.8	6.5	4.1	4.3	21.8	0.6	4.3	2.9	4.1	0.4	0.2	12.5
	女性50～64歳	8,995	6.7	6.4	3.8	4.3	21.2	1.2	3.7	3.1	4.2	1.4	0.6	14.2
	女性65～74歳	11,776	6.5	6.0	3.4	4.1	19.8	1.2	3.3	2.9	5.1	2.5	0.7	15.7
	女性75歳以上	7,459	6.0	5.2	3.0	3.1	17.3	1.1	3.0	2.2	4.7	2.5	0.9	14.4
農との関わり	正・300万円以上	8,156	7.3	8.0	6.6	6.1	28.1	6.2	6.6	4.4	6.5	7.1	6.7	37.6
	正・300万円未満	23,445	6.7	7.1	5.2	5.4	24.4	4.9	4.8	3.3	5.6	5.5	5.4	29.6
	正・販売なし	23,847	6.1	5.9	4.0	4.5	20.4	1.9	3.8	2.5	4.7	3.8	3.6	20.4
	准・農的生活実践者	36,886	6.6	6.2	4.0	4.6	21.4	2.0	3.8	3.0	4.8	2.2	1.1	16.8
	准・地産地消実践者	19,405	6.4	5.9	3.4	4.3	20.0	0.4	3.4	2.8	3.9	1.3	0.4	12.3
	准・その他	15,352	6.2	5.7	3.3	4.1	19.3	0.3	3.4	1.9	3.3	1.1	0.4	10.4

資料：表１と同様。
注１：表側の属性や類型を特定できなかった人は表記から割愛。
注２：表頭の連帯感は２ＪＡで設問が盛り込まれておらず、この部分のみ111ＪＡの集計結果。

正・３００万円以上と正・３００万円未満が他の４類型と大きく離れて右上に位置している。これは、販売を行っている農家においてＪＡとのつながり度合いが圧倒的に強いことを意味している。また、准組合員においては、左下から右上に向かってその他、地産地消実践者、農的生活実践者の順でほぼ近似直線上に並んでいる。これに正組合員の３類型を加えてもその位置はおよそ直線的なものとなっている。このことは、農業との関わり度合いが深い組合員ほど、ＪＡとの関わりも深いことを意味しており、今後のＪＡの組合員対応を考えるうえで示唆的である。

図２　正・准別、性別・年齢別にみた行動点と意識点

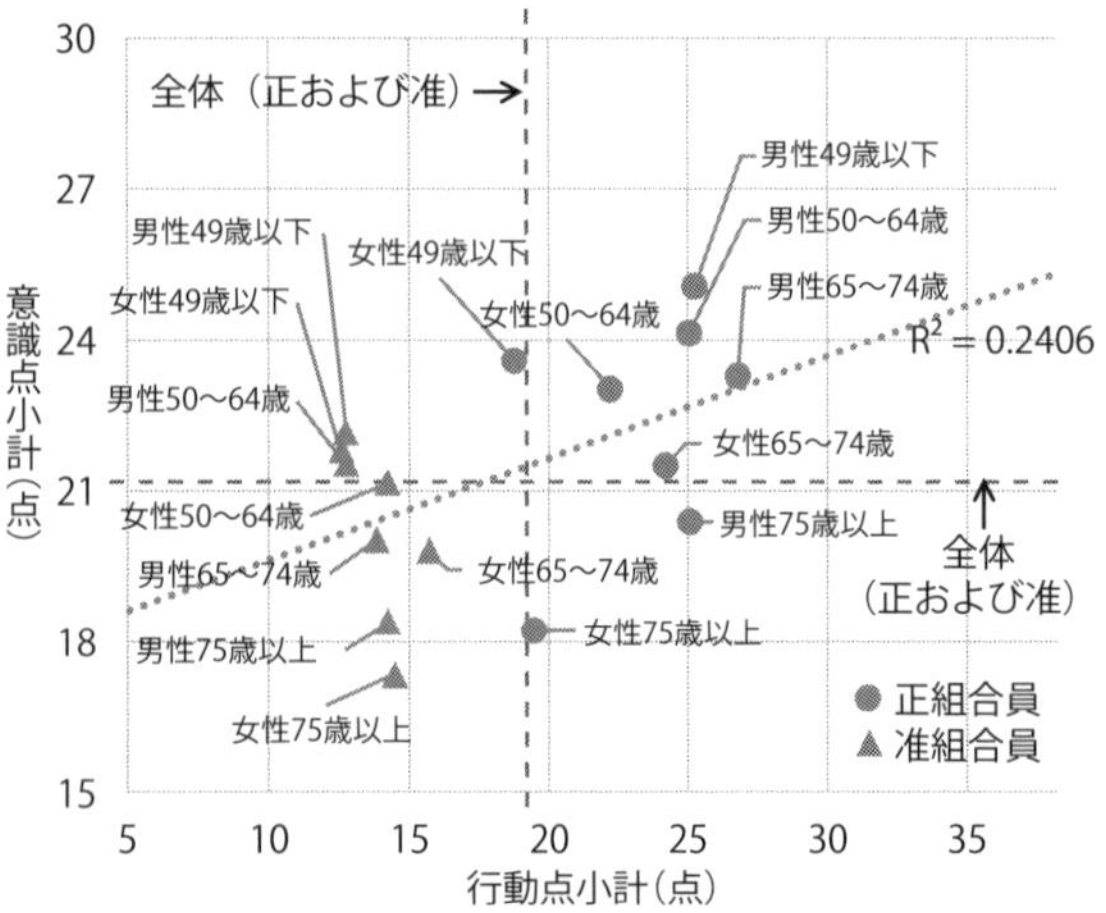

図３　農との関わり別にみた行動点と意識点

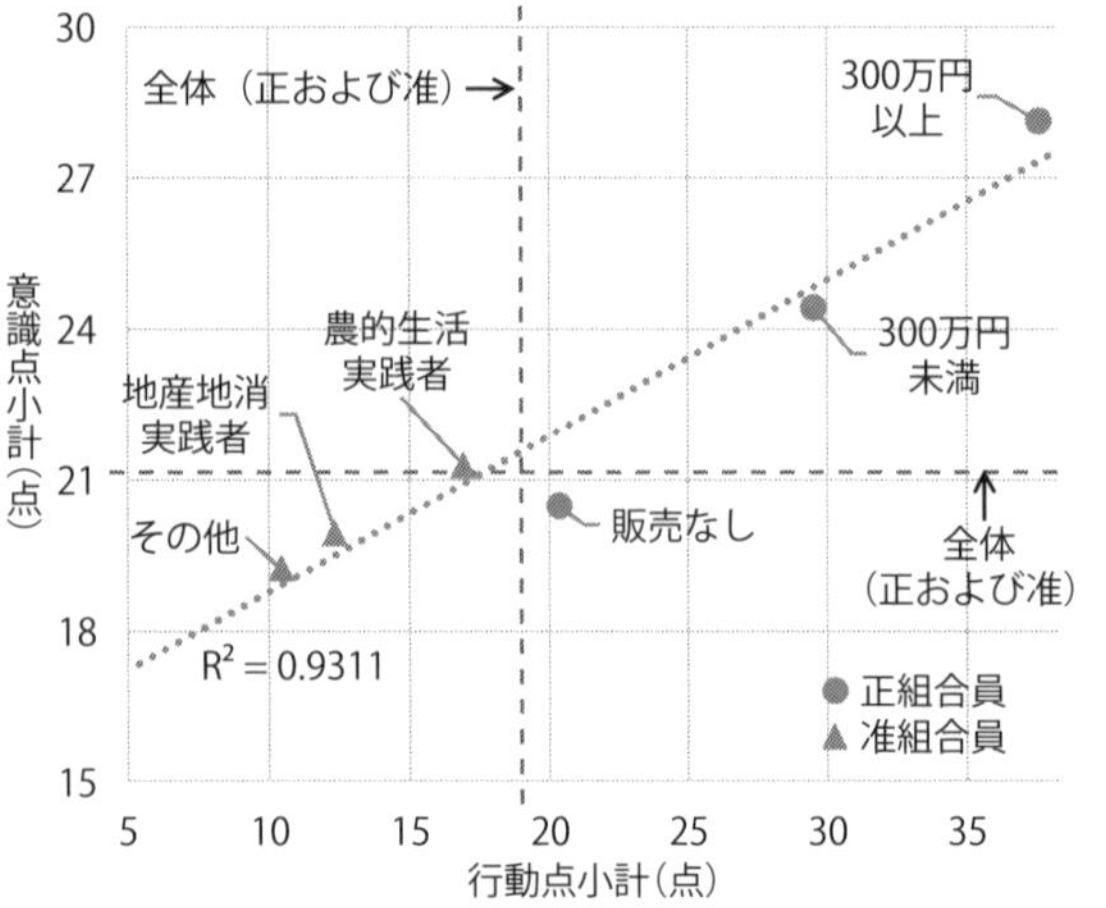

2.「わがＪＡ」意識と行動の関係性

⑴「わがＪＡ」意識を構成する四つの要素

はじめに述べたように、「わがＪＡ」意識はＪＡの競争力を決定づけるものである。ＪＡの競争力は、詰まるところ事業を通じて具現化されるものであろう。それゆえ、「わがＪＡ」意識の高い組合員は、当然のこととして事業の利用度合いも高くなると考えられる。

本節では、「わがＪＡ」意識の醸成に寄与するものとして、「活動参加」「組合員組織加入」「意思反映」の三つの行動に着目する。そしてこれらの行動と「わがＪＡ」意識の関係、「わがＪＡ」意識と事業利用の関係の順に考察を進める。非事業面の三つの行動に着目するのは、近年の自己改革のなかで全国多くのＪＡがそれらの強化を進めており、その意義を検証したいからである。

こうした考察を進めるに当たり、以下では「わがＪＡ」意識をＭＳアンケートの意識点の項目である「親しみ」「必要性」「連帯感」「理解」の四つで捉えることとする。「わがＪＡ」意識とは、およそ組織に対する帰属感を表すものといえる。組織行動論などの研究分野では、帰属感は組織コミットメントとして把握されることが多い。同コミットメントは情緒的コミットメントと功利的コミットメントに大別され、前者は組織に対する愛着などの感情的な結びつき、後者は組織が有益であるか否かなどの損得勘定に基づく結びつきを意味する。[(5)] 以下では、情緒的コミットメントを「親しみ」、功利的コミットメントを「必要性」としてそれぞれ捉えることとする。

一方、組合員の帰属感は、協同組合固有の特徴によっても高められるものであろう。その一つは、協同組合は人的結合体であるといわれるように、人と人とのつながりを重視していることである。こうした特徴を以下では「連帯感」で捉えることとする。また、協同組合においては教育が重要な原則として位置づけられている。

学びを通じて自組織の理念や仕組み、他組織との相違を知ることは、やはり帰属感を高めることにつながるだろう。この点を以下では「理解」で捉えることとする。

連帯感と理解は、協同組合的コミットメントと呼びうるものである。本節では、「わがＪＡ」意識の構成要素として、組織コミットメントに加えて協同組合的コミットメントも位置づけ、考察を進めることとする。

(2) 非事業面での行動と「わがＪＡ」意識の関係

前掲の**表3**によれば、組合員全体における活動参加・組合員組織加入・意思反映の点数は、それぞれ４・６点、３・０点、２・４点となっている。この点数はそれぞれの行動の広がり度合いを示している。この点を踏まえつつ、組合員の実際の行動パターンをイメージすれば、三つの行動は順序だって拡大していくものと想定される。すなわち、いずれにも関わりなし→活動参加→活動参加＋組合員組織加入→活動参加＋組合員組織加入＋意思反映、という順序での行動の拡大である。実際にＭＳアンケートで確認したところ、これらに該当しない組合員は５・４％にとどまった[(6)]。そこで以下では、ここに示した行動パターン別に「わがＪＡ」意識の醸成状況をみていく。

なお、「わがＪＡ」意識を構成する四つの要素のうち、必要性については考察の対象から外すこととする。必要性は事業利用を通じて強く醸成されるものと考えられ、ここでの考察になじまないからである。また、活動参加については、不特定多数型活動と特定少数型活動を分けて考えることとする。前者はＪＡまつりをはじめとするだれでも自由に参加できる単発型の活動、後者は園芸塾や女性大学のように固定メンバーで一定期間継続的に実施する活動を意味する。両活動を区分するのは、その内容が大きく異なることから「わがＪＡ」意識に与える影響も異なるものになると想定されるからである。実際の参加状況は、不特定多数型活動が特定少数型活動に比べて圧倒的に多いと考えられる。そこで以下では、活動参加を不特定多数のみと不特定多数＋特

表４　非事業面での行動パターン別にみた「わがJA」意識

	該当数（人）	「わがJA」意識			
		親しみ（点）	連帯感（点）	理解（点）	小計（点）
全体（正および准）	147,509	6.4	4.1	4.6	15.0
Aいずれにも関わりなし	60,904	5.5	3.0	3.9	12.4
B活動参加（不特定多数のみ）	28,692	6.6	3.7	4.4	14.8
C活動参加（不特定多数のみ）＋組合員組織加入	15,743	6.9	4.3	4.6	15.9
D活動参加（不特定多数のみ）＋組合員組織加入＋意思反映	24,605	7.2	5.8	5.7	18.6
E活動参加（不特定多数＋特定少数）	1,526	7.3	5.2	5.4	18.0
F活動参加（不特定多数＋特定少数）＋組合員組織加入	2,392	7.5	5.9	5.1	18.4
G活動参加（不特定多数＋特定少数）＋組合員組織加入＋意思反映	5,690	8.1	7.3	6.5	21.9

資料：表１と同様。
注：表３の注１、注２と同様。

定少数の２タイプに分けて考察することとする。

表４によれば、Ａ→Ｂ→Ｃ→Ｄの順で「わがＪＡ」意識の小計が高くなっている。行動の範囲が広がるほど「わがＪＡ」意識の醸成は進むものといえるだろう。さらに、親しみ・連帯感・理解の点数の動きに着目すると、Ａ→Ｂにおいては親しみの点数が最も大きく上がっている。活動参加（不特定多数のみ）は親しみの醸成に寄与すると考えられる。Ｂ→Ｃにおいては連帯感の点数が最も大きく上がっている。組合員組織加入は連帯感の醸成に寄与すると考えられる。Ｃ→Ｄにおいては連帯感と理解の点数が大きく上がっている。意思反映は連帯感と理解の醸成に寄与すると考えられる。以上のように、非事業面での行動は「わがＪＡ」意識の異なる要素に影響を与えながら、トータルとして同意識の醸成を促進していると考えられる。

さて、Ｂ～Ｄは活動参加が不特定多数のみであるのに対し、Ｅ～Ｇは不特定多数＋特定少数の場合の結果を示している。ＢとＥを比較すると、親しみ・連帯感・理解のいずれにおいてもＥの点数のほうが高く、その差はそれぞれ０・７点、１・５点、１・０点となっている。特定少数型活動は「わがＪＡ」意識全般に影響するものであり、特に連帯感に強く影響すると考えられる。

またＣとＥの連帯感を比較すると、Ｅのほうが０・９点高くなっている。よって、この結果をみるかぎりは、特定少数型活動のほうが組合員組織加入より連帯感を高める効果が高いと考えられる。もちろんここでは組合員組織を一括りにしており、その種類によっては特定少数型活動より高い効果を有していることは十分に想定される。とはいえ、特定少数型活動が「わがＪＡ」意識を高めるうえで有効であることは確かといえよう。

(3)「わがＪＡ」意識と事業利用の関係

　では、「わがＪＡ」意識と事業利用の関係についてみていこう。図4、図5、図6は、表4に示したＡ～Ｇの7類型について、横軸に「わがＪＡ」意識（親しみ＋連帯感＋理解）の点数、縦軸に営農事業利用、信共事業利用、生活事業利用それぞれの点数をとり、その位置をプロットしたものである。

　いずれの図も右肩上がりの近似直線が引かれており、特に信共事業利用と生活事業利用の決定係数（R^2）は0・9を超えるなどきわめて関係性が強くなっている。「わがＪＡ」意識と事業利用は、密接なつながりを有しているといえるだろう。

　ただしここで示した関係性は相関関係である。「わがＪＡ」意識が事業利用を高めているのではなく、事業利用が「わがＪＡ」意識を高めている可能性や、「わがＪＡ」意識と事業利用を同時に高めるまったく別の要因が存在している可能性もある。この点についてこれ以上の統計学的な吟味はできないが、例えばローンの利用をイメージすると、職員のていね

図４　「わがJA」意識と営農事業利用の関係

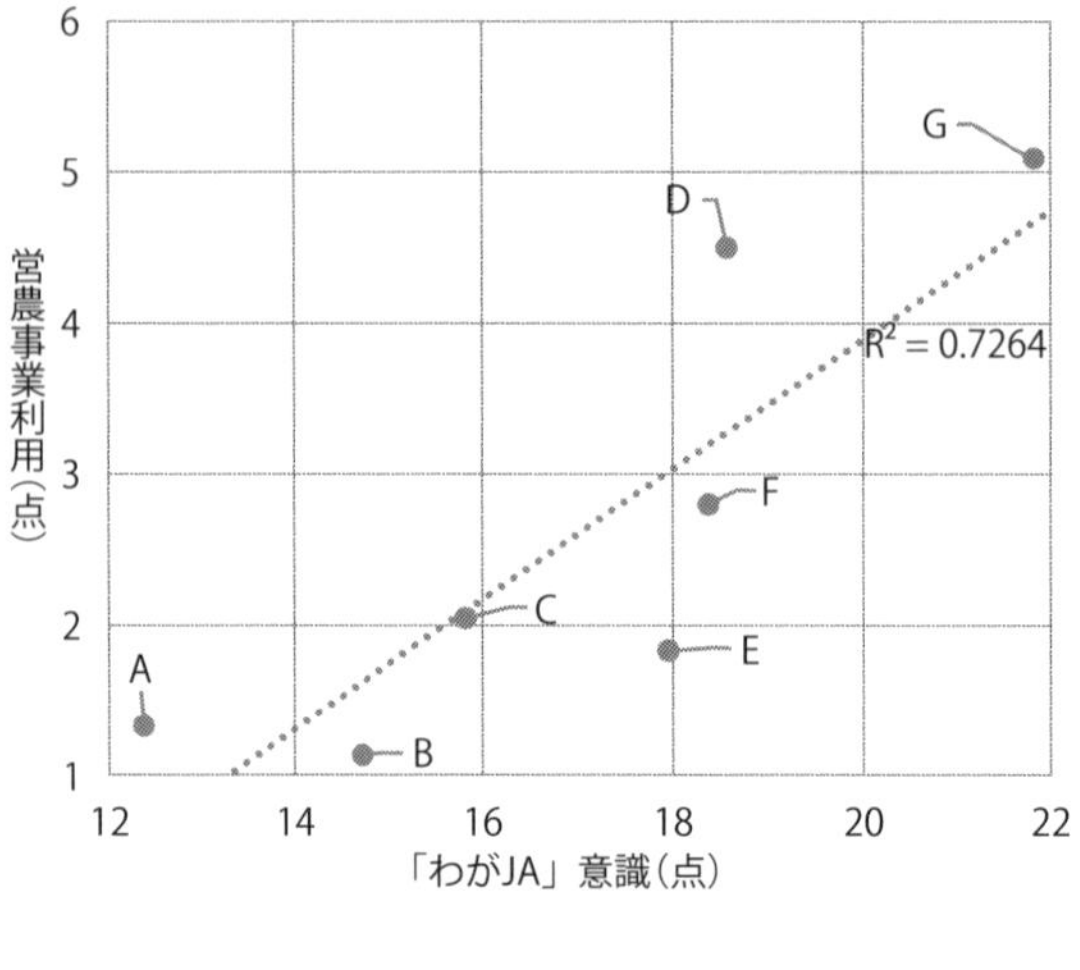

いな対応に触れて親しみが高まることは想定できるが、連帯感が高まることについては想定しがたい。つまり、「わがＪＡ」意識と事業利用の関係を、後者を要因、前者を結果としてすべて説明するのは難しそうである。

また、両者を同時に高める第三の要因については、容易には想像がつかない。

「わがＪＡ」意識が競争力の発揮において大きな意味を持つのは、企業の「ブランド」と同じように、その効果が特定の製品やサービスについてだけでなく、あらゆる活動領域におよぶことである。実際に図４〜６に示されるように、「わがＪＡ」意識はさまざまな事業と正の関係性を有している。同意識の効果がＪＡ全体におよぶ以上、その醸成に寄与する活動参加・組合員組織加入・意思反映などについては、特定の担当者任せにするのではなく、組織を挙げて取り組むべきといえよう。

図５　「わがJA」意識と信共事業利用の関係

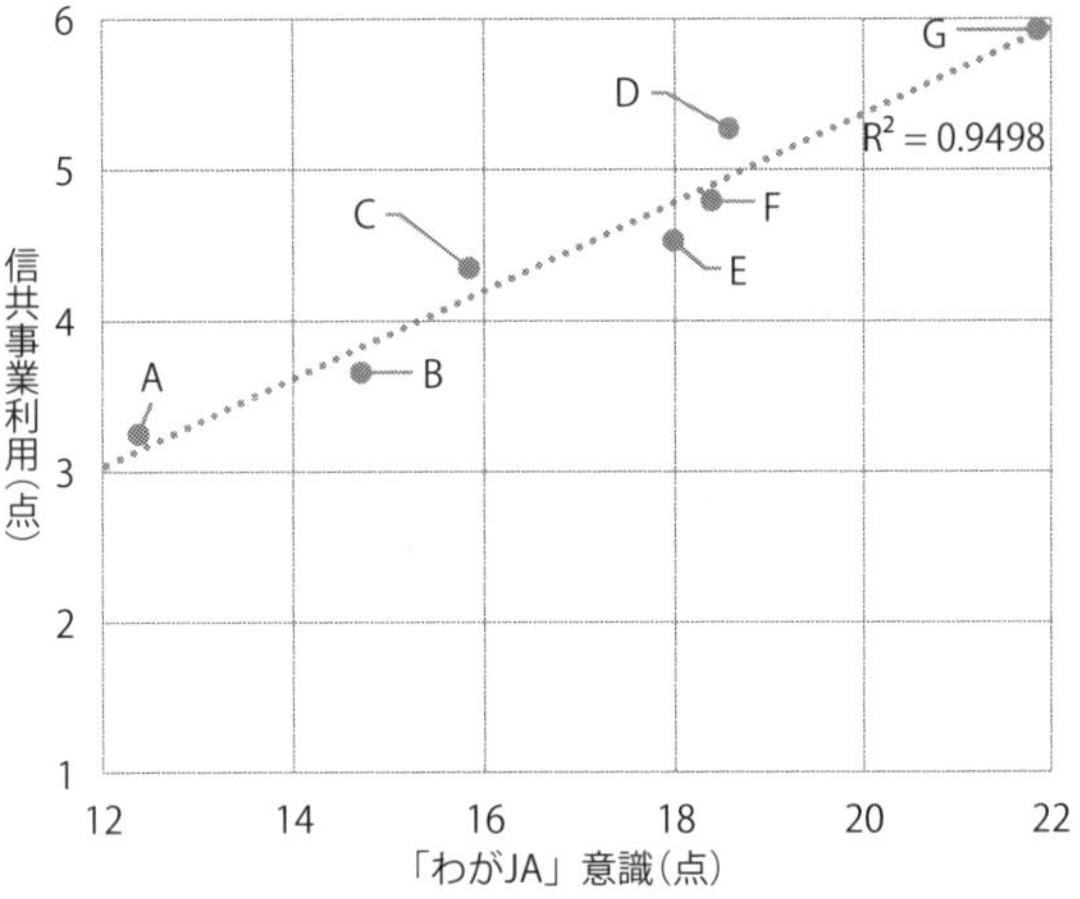

図６　「わがJA」意識と生活事業利用の関係

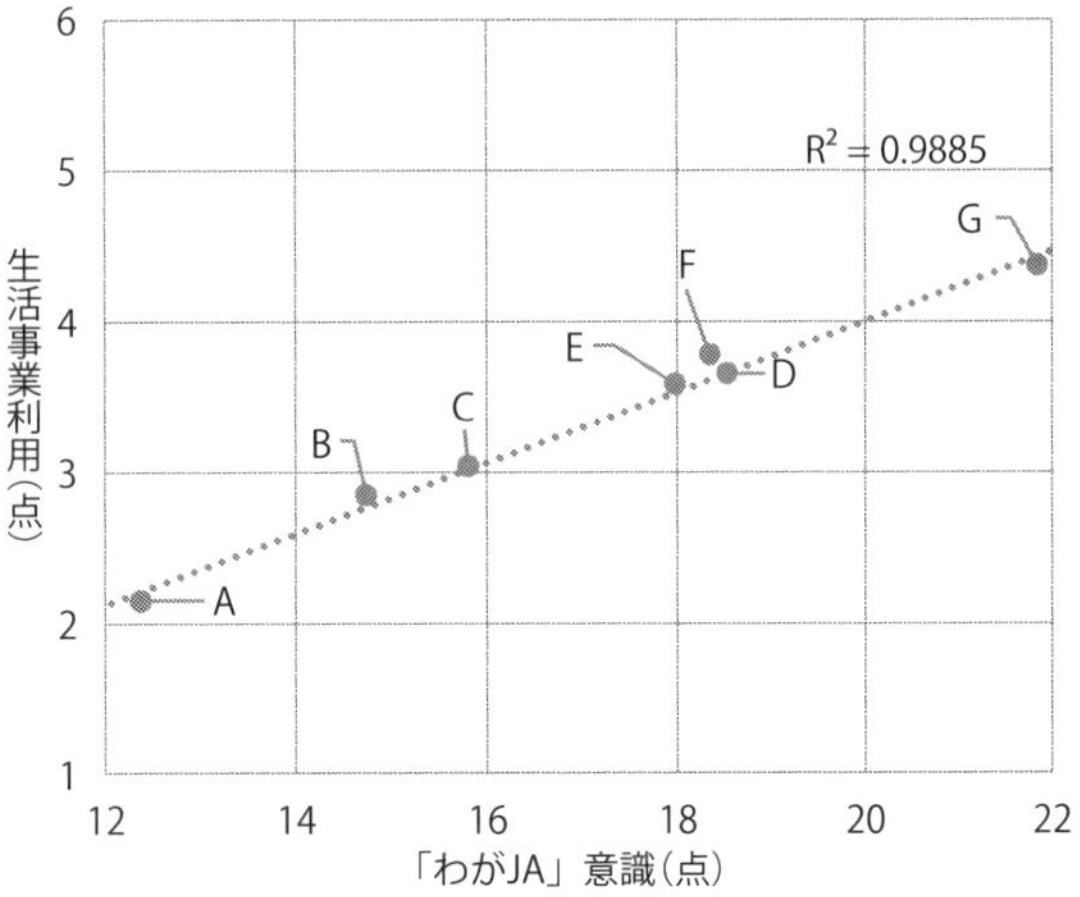

3．行動面からみたつながりの実際と特徴

⑴ 行動面からみた組合員の類型

前節では、非事業面での行動が「わがＪＡ」意識を介して事業利用とつながっていることを明らかにした。では、実際に非事業面での行動と事業利用はどのような組み合わせでつながっているのだろうか。本節ではその組み合わせを明らかにし、行動面でのつながりからみた組合員の実際の姿を考察する。

ここまでみてきたとおり、ＭＳアンケートでは営農・信共・生活の三つの事業利用と、活動参加・組合員組織加入・意思反映の三つの非事業面での行動を点数化している。ここでは、これら６項目の組み合わせを明らかにするために非階層クラスター分析を行った。クラスター数については、最小クラスターの全体に占める割合が５％以上となることを条件とした。その結果、12クラスターまで分割数を増やしたところで５％未満となるクラスターが現れたため、その直前の11クラスターを採用することとした。なお、６項目の測定尺度が異なるので標準得点化したうえで作業を行った。

表５がその結果である。第１クラスターは、生活・信共事業利用と活動参加の得点が高いことから「くらし・活動型」と呼ぶこととする。以下、第２クラスターは信共事業利用のみ高いことから「信共単独型」、第３クラスターは営農事業利用・組合員組織加入・意思反映が高いことから「営農・参画型」、第４クラスターは組合員組織加入と活動参加が高いことから「組織・活動型」、第５クラスターは営農

表5　クラスター分析の結果

	第1クラスター	第2クラスター	第3クラスター	第4クラスター	第5クラスター	第6クラスター	第7クラスター	第8クラスター	第9クラスター	第10クラスター	第11クラスター
営農事業利用	-0.04501	-0.48508	1.70370	-0.31360	1.87505	-0.07000	-0.37780	-0.59206	-0.42467	-0.13176	1.85758
信共事業利用	1.01711	0.81061	0.83656	-0.12245	1.36804	0.12851	-0.30499	-0.91033	-0.42622	-0.43413	0.52375
生活事業利用	1.63612	-0.50331	-0.15269	-0.30852	1.84978	-0.05949	-0.15179	-0.72852	0.75271	-0.52554	0.29520
活動参加	0.74776	-0.68742	0.76996	0.67379	0.84055	1.08277	1.23842	-0.79566	-0.67772	-0.63451	-0.13883
組合員組織加入	-0.09110	-0.62546	1.42336	0.89147	1.28725	0.92601	-0.83721	-0.67065	-0.63611	0.68493	-0.05288
意思反映	-0.27959	-0.55584	1.63257	-0.67003	1.41651	1.29435	-0.49235	-0.57763	-0.53702	1.21391	-0.09116

表6　行動面での組合員類型からみた意識点と行動点

	該当数（人）	意識点（点）					行動点（点）						
		親しみ	必要性	連帯感	理解	小計	営農事業利用	信共事業利用	生活事業利用	活動参加	組合員組織加入	意思反映	小計
全体(正および准)	147,509	6.4	6.2	4.1	4.6	21.1	2.1	4.0	2.8	4.6	3.0	2.4	18.9
営農・総合型	8,716	8.1	8.6	7.3	6.7	30.7	7.6	7.6	7.7	8.2	7.7	7.5	46.3
営農・参画型	8,849	7.8	8.3	6.7	6.4	29.2	7.1	6.2	2.4	7.9	8.2	8.3	40.1
参画・活動型	10,719	7.1	7.0	5.5	5.5	25.1	1.9	4.3	2.6	9.2	6.4	7.1	31.6
くらし・活動型	9,714	7.7	7.6	5.7	5.7	26.6	2.0	6.7	7.1	7.8	2.7	1.4	27.7
営農単独型	7,610	7.1	7.4	5.2	5.2	25.0	7.5	5.4	3.6	4.0	2.8	2.1	25.4
組織・活動型	13,332	6.7	6.3	4.0	4.3	21.3	1.2	3.6	2.0	7.4	6.3	0.0	20.6
参画単独型	11,629	5.3	5.3	3.4	4.1	17.9	1.8	2.8	1.4	1.9	5.5	6.8	20.1
活動単独型	11,831	6.9	6.4	4.0	4.7	21.9	1.0	3.1	2.4	9.9	0.0	0.6	17.1
生活単独型	15,940	6.1	5.7	3.3	4.3	19.4	0.9	2.8	4.8	1.7	0.7	0.5	11.4
信共単独型	15,848	6.7	6.5	3.7	4.4	21.3	0.7	6.1	1.5	1.6	0.8	0.4	11.1
低利用・低参加型	33,321	4.8	4.2	2.1	3.2	14.3	0.4	1.5	0.9	1.2	0.6	0.3	4.9

資料：表1と同様。
注：表3の注2と同様。

図7　行動面からみた11類型の分布状況

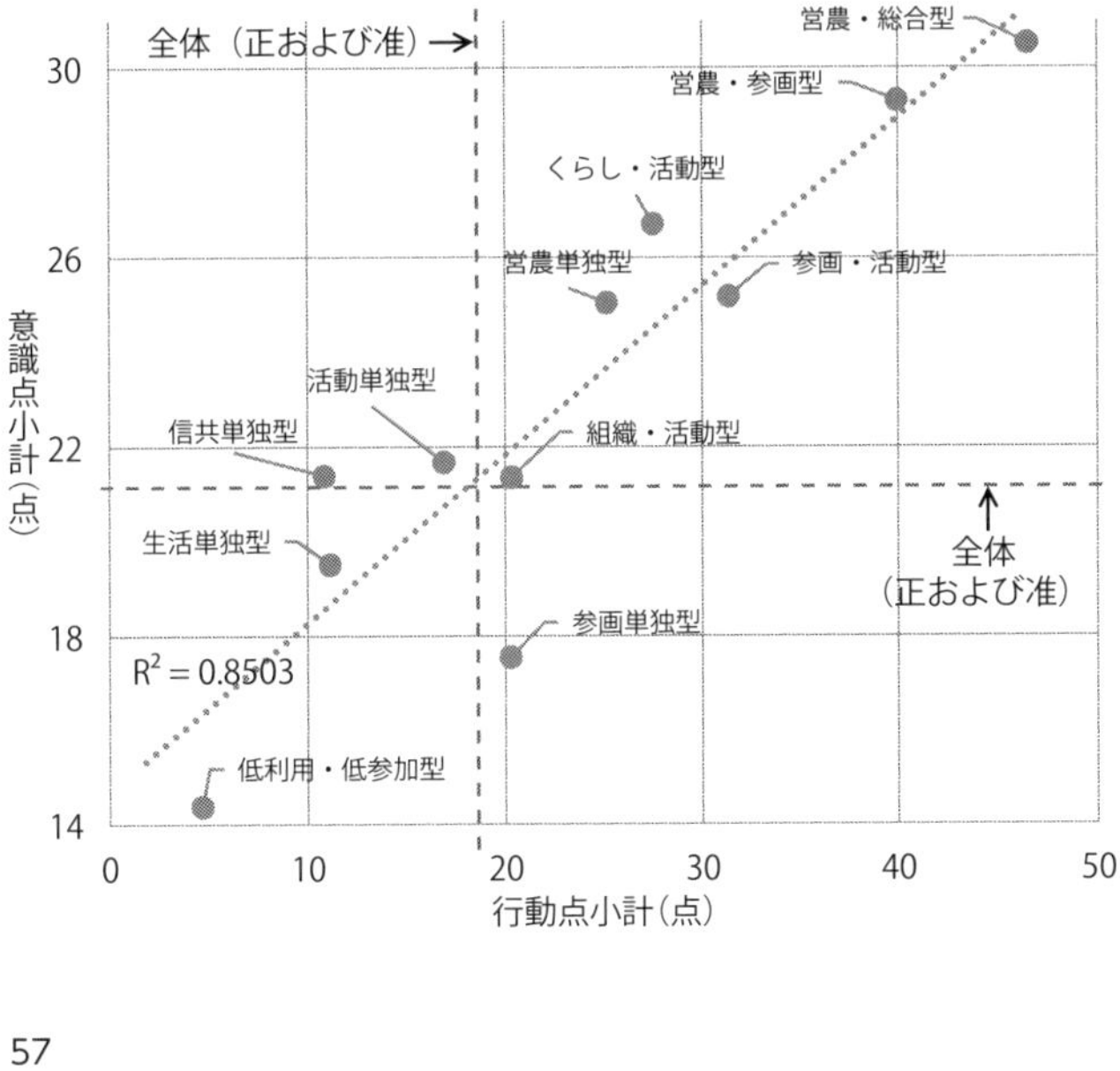

事業利用を筆頭にすべての項目で高いことから「営農・総合型」、第6クラスターは意思反映・活動参加・組合員組織加入が高いことから「参画・活動型」、第7クラスターは活動参加のみ高いことから「活動単独型」、第8クラスターはすべての項目で低いことから「低利用・低参加型」、第9クラスターは生活事業利用のみ高いことから「生活単独型」、第10クラスターは意思反映と組合員組織加入が高いことから「参画単独型」、第11クラスターは営農事業利用のみ特に高いことから「営農単独型」と呼ぶこととする。

表6はこれら11類型の意識点と行動点を項目別に示したものである。なお、行動点小計の高い順に並べている。該当数をみると、低利用・低参加型が最も多く3万3321人（22・6%）、次いで生活単独型が1万5940人（10・8%）、さらに信共単独型が1万5848人（10・7%）で続いている。一方、最も少ないのは営農単独型で7610人（5・2%）となっている。行動点小計・意識点小計ともに最も高いのは営農・総合型、最も低いのは低利用・低参加型となっており、両類型の差は、意識点小計では16・4点、行動点小計では41・4点といずれも大きなものとなっている。

図7は、**表6**に示される行動点小計と意識点小計を用いて、11類型の分布状況を示したものである。近似直線の周辺に多くの類型が位置しており、行動面でのつながりが大きい類型ほど、意識面でのつながりも大きくなっていることを確認できる。ただし、参画単独型については、近似直線との距離がやや大きくなっている。同類型においては、行動面でのつながりに対して意識点が低い状況にあるといえる。

各類型の概況について、**表7**には組合員の属性と農との関わり、**表8**には事業利用の状況、**表9**には活動参加・組合員組織加入・意思反映の状況を示している。以下ではこれらの表を踏まえながら、各類型の特徴をみていく。なお、**表7**に示される正・准組合員の構成割合に基づいて、第一に正組合員を中心とする類型（同組合員の割合が70%以上）、第二に准組合員を中心とする類型（同組合員の割合が70%以上）、第三に正・准組合員が混在している類型（正・准組合員どちらも70%未満）に分けて考察を進めることとする。

表７　11類型別にみた組合員の属性と農との関わり

	該当数（人）	正准別(%)		性別(%)		年齢(%)				農との関わり(%)					
										正組合員(%)			准組合員(%)		
		正組合員	准組合員	男性	女性	49歳以下	50～64歳	65～74歳	75歳以上	300万円以上	300万円未満	販売なし	農的生活実践者	地産地消実践者	その他
全体（正および准）	147,509	45.6	54.4	68.6	31.4	10.7	27.9	37.3	24.0	14.7	42.3	43.0	51.5	27.1	21.4
営農・総合型	8,716	85.6	14.4	81.9	18.1	6.6	30.8	41.2	21.4	38.4	49.0	12.6	89.5	7.7	2.8
営農・参画型	8,849	91.8	8.2	88.5	11.5	4.4	27.1	45.3	23.1	28.1	58.4	13.4	93.4	3.7	2.9
参画・活動型	10,719	75.8	24.2	76.1	23.9	2.6	20.4	46.0	31.0	8.6	39.1	52.2	67.8	18.6	13.6
くらし・活動型	9,714	37.9	62.1	58.5	41.5	16.6	29.9	35.3	18.2	11.2	33.3	55.5	59.0	28.0	13.0
営農単独型	7,610	64.0	36.0	74.4	25.6	9.8	35.1	34.5	20.6	16.7	67.6	15.7	89.7	5.5	4.7
組織・活動型	13,332	36.9	63.1	52.7	47.3	3.8	18.2	45.6	32.4	7.5	32.8	59.7	59.3	24.4	16.4
参画単独型	11,629	85.3	14.7	89.1	10.9	2.9	26.8	39.7	30.6	7.9	43.7	48.4	71.6	14.0	14.4
活動単独型	11,831	23.8	76.2	58.8	41.2	12.9	26.2	37.3	23.6	3.7	26.5	69.8	51.7	29.8	18.5
生活単独型	15,940	26.5	73.5	64.3	35.7	12.9	33.7	36.3	17.1	3.9	28.6	67.5	50.7	32.4	16.9
信共単独型	15,848	25.8	74.2	68.4	31.6	25.7	33.3	26.5	14.6	5.4	28.2	66.3	41.7	28.8	29.5
低利用・低参加型	33,321	27.3	72.7	63.8	36.2	11.2	27.1	34.2	27.6	3.1	23.8	73.1	40.2	29.8	30.0

資料：表１と同様。
注１：網掛けは全体より高いことを意味する。
注２：該当数は各類型の人数を表す。それぞれの割合は当該設問の無記入者を除いて算出。

表８　11類型別にみた事業利用の状況

	該当数（人）	営農事業利用			信共事業利用			生活事業利用		
		営農指導(%)	農産物販売(%)	生産資材購買(%)	貯金(%)	ローン(%)	共済全般(%)	直売所(%)	ガソリンスタンド(%)	葬祭(%)
全体（正および准）	147,509	31.6	16.3	32.0	52.5	20.0	55.6	18.1	35.0	33.3
営農・総合型	8,716	79.3	70.4	94.2	94.4	58.8	96.4	58.0	94.4	72.8
営農・参画型	8,849	74.7	64.0	94.0	85.0	34.6	90.5	11.1	24.1	55.9
参画・活動型	10,719	9.1	4.4	37.7	64.1	11.8	69.3	13.1	32.7	46.4
くらし・活動型	9,714	13.2	7.1	33.9	86.1	42.6	90.1	53.9	85.8	58.9
営農単独型	7,610	72.9	65.2	96.2	70.7	25.7	80.2	24.3	42.2	47.6
組織・活動型	13,332	7.6	3.7	19.2	59.8	7.7	53.3	12.1	14.8	28.2
参画単独型	11,629	11.0	7.6	38.9	39.6	6.2	50.2	5.9	20.5	33.5
活動単独型	11,831	5.4	2.3	11.7	40.6	9.1	40.2	15.4	12.5	22.1
生活単独型	15,940	2.5	2.6	10.2	31.7	6.7	35.1	33.7	52.0	28.6
信共単独型	15,848	2.6	1.0	10.5	69.6	46.1	84.3	5.9	7.7	23.7
低利用・低参加型	33,321	2.2	0.8	5.1	16.9	3.0	9.9	2.3	1.5	11.8

資料：表１と同様。
注１：各事業について「ほぼすべてＪＡを利用」「半分以上はＪＡを利用」を選んだ人の割合。
注２：表７の注１、注２と同様。

表９　11類型別にみた活動参加・組合員組織加入・意思反映の状況

	該当数（人）	活動参加			組合員組織加入					意思反映		
		農業まつり・JAまつり(%)	支店での各種イベント(%)	直売所での各種イベント(%)	農家組合(%)	生産部会(%)	青壮年部(%)	女性部(%)	年金友の会(%)	総代会(%)	支店単位の会合(%)	集落単位の会合(%)
全体(正および准)	147,509	48.9	24.0	25.9	18.7	11.0	1.8	3.7	20.6	17.9	9.8	17.1
営農・総合型	8,716	81.6	59.4	51.5	41.7	36.1	4.8	10.9	42.3	57.5	34.6	53.0
営農・参画型	8,849	79.6	50.3	38.9	57.0	32.3	4.1	6.7	39.7	65.9	37.0	55.8
参画・活動型	10,719	85.7	56.0	47.1	44.0	6.6	1.6	12.1	40.1	52.6	33.1	46.1
くらし・活動型	9,714	76.7	43.6	47.4	11.5	2.7	1.1	5.3	26.7	9.1	5.1	10.3
営農単独型	7,610	44.7	18.1	20.5	18.6	10.8	1.6	2.1	14.7	12.9	5.3	15.5
組織・活動型	13,332	68.7	33.6	37.5	22.9	4.6	1.4	10.4	65.0	0.0	0.0	0.0
参画単独型	11,629	28.4	4.8	5.2	51.0	5.9	1.9	2.7	22.5	49.6	24.4	52.4
活動単独型	11,831	88.2	50.7	65.5	0.1	0.1	0.0	0.0	0.0	4.2	2.3	4.4
生活単独型	15,940	22.1	2.5	8.5	4.2	0.5	0.3	0.4	7.0	3.4	1.2	3.8
信共単独型	15,848	22.4	3.2	4.1	4.3	0.8	0.2	0.4	6.9	3.0	1.0	3.2
低利用・低参加型	33,321	16.9	1.8	4.8	4.0	0.6	0.2	0.3	5.2	2.5	0.9	2.4

資料：表１と同様。
注１：活動参加と意思反映は「参加経験あり」、組合員組織は「参加している」人の割合。
注２：表７の注１、注２と同様。

(2) 正組合員を中心とする類型の特徴

正組合員を中心とする類型（正組合員の割合が70％以上）は四つあり、行動点小計の高い順に営農・総合型、営農・参画型、参画・活動型、参画単独型となっている（表6、表7）。性別や年齢の構成に大きな差はみられない。一方、それぞれの類型の正組合員のなかで農産物販売を行っている人（300万円以上および300万円未満）の割合をみると、営農・総合型87・4％、営農・参画型86・5％、参画・活動型47・7％、参画単独型51・6％と大きな差がみられる（表7）。四つの類型は、販売を行っている人の多寡でさらに二つのタイプに線引きできるといえるだろう。

販売を行っている人が多い営農・総合型と営農・参画型は、どちらも営農事業の利用度合いが高く（表8）、生産部会への参加状況も他の類型に比べると高い（表9）。両類型は営農を基軸としてJAとつながっている類型といえる。差がみられるのは、信共事業利用のなかのローンと生活事業利用のなかの直売所やガソリンスタンドである（表8）。いずれも営農・総合型のほうがかなり高くなっており、事業の複合利用の度合いが両者の境界を成しているといえる。前述したとおり、営農・総合型は意識点・行動点の小計がともに11類型のなかで最も高くなっている。正組合員におけるアクティブ・メンバーシップの理想形といえるだろう。

販売を行っていない組合員が多い参画・活動型と参画単独型は、どちらも営農事業の利用度合いは高くない（表8）。両類型が共通して高いのは、農家組合を中心とする組合員組織への参加と、総代会をはじめとする意思反映の場への出席経験である（表9）。参画・活動型と参画単独型は、基礎組織を介したつながりに特徴を持つ類型といえるだろう。両類型間で差が大きいのは活動参加で、例えば支店での各種イベントへの参加経験をみると、参画・活動型は56・0％であるのに対し、参画単独型は4・8％にとどまっている（表9）。活動参加の有無が両者の境界を成しているといえる。

前述したとおり、参画単独型は行動面でのつながりに対して意識点が低い状況にある。この点について、ここでの分析を踏まえるならば、基礎組織を介したつながりだけでは意識点が高まりにくいことが類推される。その一方で、さまざまな活動への参加がみられる参画・活動型は意識点も高い水準にあり、今日のＪＡにおいて、活動参加は意識面でのつながりを高める有望な方策であることが示唆される。

(3) 准組合員を中心とする類型の特徴

准組合員を中心とする類型（准組合員の割合が70％以上）は、活動単独型、生活単独型、信共単独型、低利用・低参加型の四つである（**表7**）。これらは11類型のなかで行動点小計の下位４類型を構成しており、低利用・低参加型はその点数が４・９点と特に低い（**表6**）。

性別構成をみると、活動単独型において女性の割合が41・２％（全体では31・４％）、年齢構成をみると、信共単独型において49歳以下の割合が25・７％（全体では10・７％）、農との関わりをみると、信共単独型と低利用・低参加型においてその他の割合が３割前後（全体では21・４％）とそれぞれやや高くなっている（**表7**）。

各類型のＪＡとのつながりの特徴はそのネーミングのとおりである。活動単独型は、農業まつり・ＪＡまつりの参加経験者が88・２％、直売所での各種イベントの参加経験者が65・５％でどちらも全11類型のなかで最も高くなるなど、活動への参加状況が高い（**表9**）。事業利用では貯金・共済全般・直売所などで一定の利用がみられるが、全体に比べると低い水準にとどまっている（**表8**）。組合員組織加入や意思反映の参加経験者はほとんどみられない（**表9**）。

生活単独型は、直売所とガソリンスタンドが全体より高くなるなど、くらしの面からの結びつきが強い類型である（**表8**）。ほかの事業では貯金・共済などで一定の利用があり、活動参加では農業まつり・ＪＡまつりなどで一定の参加がみられるが（**表9**）、いずれも全体に比べると低い水準となっている。組合員組織加入や意思反映の参加経験者はほとんどみられない（表9）。

信共単独型は、貯金・ローン・共済全般いずれも全体より高くなっており、特にローンは11類型のなかで2番めに高い水準となっている（表8）。他の事業利用はいずれも低位である。活動参加では農業まつり・JAまつりで一定の参加がみられるが、全体に比べると低い水準である（表9）。組合員組織加入や意思反映の参加経験者はほとんどみられない（表9）。

以上の3類型は、JAと地域住民をつなぐ主要ルートが、信共事業利用・生活事業利用・活動参加の三つにあることを示唆している。低利用・低参加型においても、これらの三つのルートを通じてつながりを持った人が多いと推察されるが、そのつながり度合いの弱い人が同類型に分類されていると考えられる。また、75歳以上の割合がやや高いことを踏まえると（表7）、もともとは信共単独・生活単独・活動単独型などに該当していた人が、それぞれのつながりを弱めて低利用・低参加型へ移行したケースも少なくないと考えられる。

(4) 正・准組合員が混在している類型の特徴

正・准組合員が混在している類型（正・准組合員どちらも70%未満）は、行動点小計の高い順に、くらし・活動型、営農単独型、組織・活動型の三つである（表6、表7）。以下、それぞれの特徴をみていく。

① くらし・活動型

くらし・活動型は、性別構成をみると女性の割合が41・5%（全体では31・4%）、年齢構成をみると49歳以下が16・6%（全体では10・7%）、農との関わりをみると正組合員では販売なしが55・5%（全体では43・0%）、准組合員では農的生活実践者が59・0%（全体では51・5%）とそれぞれやや高い（表7）。

JAとのつながりは、信共事業利用・生活事業利用・活動参加で強くなっている（表8、表9）。生産資材購買の利用や女性部・年金友の会への参加状況も全体を上回っているが、そのほかはいずれも低い水準にある。

同類型を准組合員に着目してみれば、活動単独・生活単独・信共単独型の三つが一体となった類型といえる。また、准組合員が一定数を占める類型のなかでは、行動点・意識点ともに最も高い（表6、表7）。以上より、同類型は准組合員におけるアクティブ・メンバーシップの一つの到達点を示しているといえるだろう。

一方、正組合員に着目してみると、営農・総合型や営農・参画型のように営農を基軸とするつながりを持たず、参画・活動型や参画単独型のように基礎組織を介したつながりも有していない。そのなかで、行動点・意識点の小計はともに正組合員平均より高くなっている（表3、表6）。以上を踏まえれば、同類型は正組合員における新たなアクティブ・メンバーシップのあり方を示しているといえるだろう。

くらし・活動型においては、生活事業では直売所の利用（表8）、活動参加では直売所や支店での各種イベントへの参加状況などが高い（表9）。これらは近年ＪＡが力を入れている分野であり、それが功を奏した類型といえるだろう。しかし現状では意思反映はほぼみられない状況となっている（表9）。こうした層の声をＪＡ運営に反映できる仕組みについて、同層の組織化と併せて検討することが必要といえよう。

②　営農単独型

営農単独型は、農との関わりをみると正組合員では３００万円未満が67・６％で最も多く、准組合員では農的生活実践者が89・７％で大半を占めている（表7）。

ＪＡとのつながりは営農事業利用で強く、営農指導72・９％、農産物販売65・２％、生産資材購買96・２％となっている（表8）。こうした利用状況は営農・総合型、営農・参画型と遜色ない。両類型との差が顕著なのは組合員組織加入で、営農単独型は農家組合の参加率が18・６％、生産部会の参加率が10・８％とどちらも低い水準にとどまっている（表9）。

３００万円未満の小規模農家が多数を占め、ＪＡの販売事業は利用しているが生産部会への参加は低い状況から類推すると、同類型においては兼業的な稲作農家が多いものと推察される。ただし、准組合員の農的生活者も多数含まれていることを考えると、稲作農家に加えて直売所出荷者も少なくないと考えられる。

営農事業以外では貯金・共済全般の利用状況も高く（表8）、活動参加も一定の水準にある（表9）。ただし、組合員組織への参加状況が低いためと想定されるが、意思反映は低調となっている（表9）。

③ 組織・活動型

組織・活動型は、女性の割合が47・3％と11類型のなかで最も高い。年齢については、65歳以上の割合が78・0％（全体では61・3％）と高齢層が多くなっている（表7）。

ＪＡとのつながりは、年金友の会の加入者が65・0％と11類型のなかで最も高い（表9）。同類型は事実上、年金友の会の参加者グループといえるだろう。加えて、農業まつり・ＪＡまつりに参加経験を持つ人の割合が68・7％となるなど活動参加も全般的に高いのが特徴である（表9）。そのほかのつながりをみると、貯金・共済全般・葬祭などで一定の利用がみられるが（表8）、意思反映については参加経験が皆無の状況となっている（表9）。

同類型の意識点・行動点の小計は、組合員全体と同水準にある（表6）。組合員の高齢化が進むなかで、今日的なアクティブ・メンバーシップのあり方を示している類型といえるだろう。

(5) 高アクティブＪＡの特徴

以上、11類型の特徴をみてきた。では、さまざまな類型があるなかで、ＪＡはアクティブ・メンバーシップの強化に向けてどのような対応を図るべきだろうか。この点を検討するために整理したのが表10である。同表は、行動点・意識点の合計点をＪＡ別に算出し、その点数が全体より高いＪＡを「高アクティブＪＡ」、全体より低いＪＡを「低アクティブＪＡ」と位置づけて、それぞれにおける11類型の構成割合を示したものである。

高アクティブＪＡと低アクティブＪＡの計を比較すると、その差が最も大きいのは低利用・低参加型となっている。高アクティブＪＡでは15・８％、低アクティブＪＡでは28・５％と10ポイント以上の開きがある。また、活動単独型、生活単独型、信共単独型の３類型の合計をみると、高アクティブＪＡでは28・０％、低アクティブＪＡでは30・７％となっている。低アクティブＪＡでは、こうした特定領域だけでつながっている組合員、いわば単品利用者もやや多い。アクティブ・メンバーシップの強化には、低利用・低参加型の解消、さらに単品利用者を複合的な利用者へと誘導することが必要といえるだろう。

一方、正組合員のアクティブ・メンバーシップの理想形である営農・総合型をみると、高アクティブＪＡでは９・４％、低アクティブＪＡでは３・０％となっている。正組合員だけにかぎれば、その差はほぼ10ポイントとさらに差がついている。また、准組合員のアクティブ・メンバーシップの到達点であるくらし・活動型の割合をみると、高アクティブＪＡでは８・７％、低アクティブＪＡでは４・７％となっている。准組合員だけにかぎれば、その差は約６ポイントとさらに差がついている。以上から明らかなように、高アクティブＪＡは、正・准組合員それぞれの理想的な類型の割合が高くなっている。アクティブ・メンバーシップの強化においては、こうした類型に属する組合員の増加を追求すべきといえる。

他方、正組合員中心の類型のなかで意識点が特に低い状況にある参画単独型は、高アクティブＪＡで７・５％、低アクティブＪＡで８・１％となっており、正組合員だけにかぎればその差は約４ポイントとさらに差がつ

表10　高アクティブJA・低アクティブJA別にみた11類型の構成割合

		該当数（人）	割合（%）										
			営農・総合型	営農・参画型	参画・活動型	くらし・活動型	営農単独型	組織・活動型	参画単独型	活動単独型	生活単独型	信共単独型	低利用・低参加型
高アクティブＪＡ	計	65,883	9.4	7.9	8.1	8.7	6.6	8.2	7.5	7.7	11.7	8.6	15.8
	正組合員	32,873	16.1	14.5	12.2	6.7	8.4	6.3	12.7	3.4	6.4	4.4	8.9
	准組合員	33,010	2.7	1.3	3.9	10.6	4.9	10.0	2.4	11.9	17.0	12.7	22.6
低アクティブＪＡ	計	77,442	3.0	4.5	6.7	4.7	3.8	10.0	8.1	8.5	9.6	12.6	28.5
	正組合員	32,707	6.2	9.7	12.1	4.2	6.0	8.5	16.5	5.0	6.0	7.7	18.1
	准組合員	44,735	0.7	0.6	2.7	5.0	2.1	11.1	1.9	11.1	12.3	16.2	36.2

資料：表１と同様。
注：ここでは表３の注２に示した111ＪＡを集計対象としている。

いている。低アクティブＪＡにおける同類型の正組合員の割合は16・5％と決して小さくない。アクティブ・メンバーシップの強化には、同類型への対応も不可欠といえよう。

4. アクティブ・メンバーシップ強化の五つの基本方策

(1) 農を学ぶ場の体系化

以上を踏まえて、本節ではアクティブ・メンバーシップの強化に向け、ＪＡに求められる組合員対応の基本方策を提起する。**図8**は、先にみた**図7**を加筆・修正し、基本方策の意味するところを整理したものである。図中の①～⑤がそれに該当する。

第一の基本方策は、農を学ぶ場の体系化である。先の**図3**でみたとおり、農との関わりが深い組合員ほど、ＪＡとのつながりも深くなっている。農との関わりが深まるように、ＪＡは組合員それぞれの農との関わりの状況・段階に応じた学びの場をつくり、ステップアップを誘導していくべきである。そのイメージは次のとおりである。

まず、農に対する関心の低い人に対しては、食農教育や料理教室などへの参加を働きかける。次に、それらへの参加を通じて農への関心を高めた人には、

図８　アクティブ・メンバーシップ強化に向けた基本方策

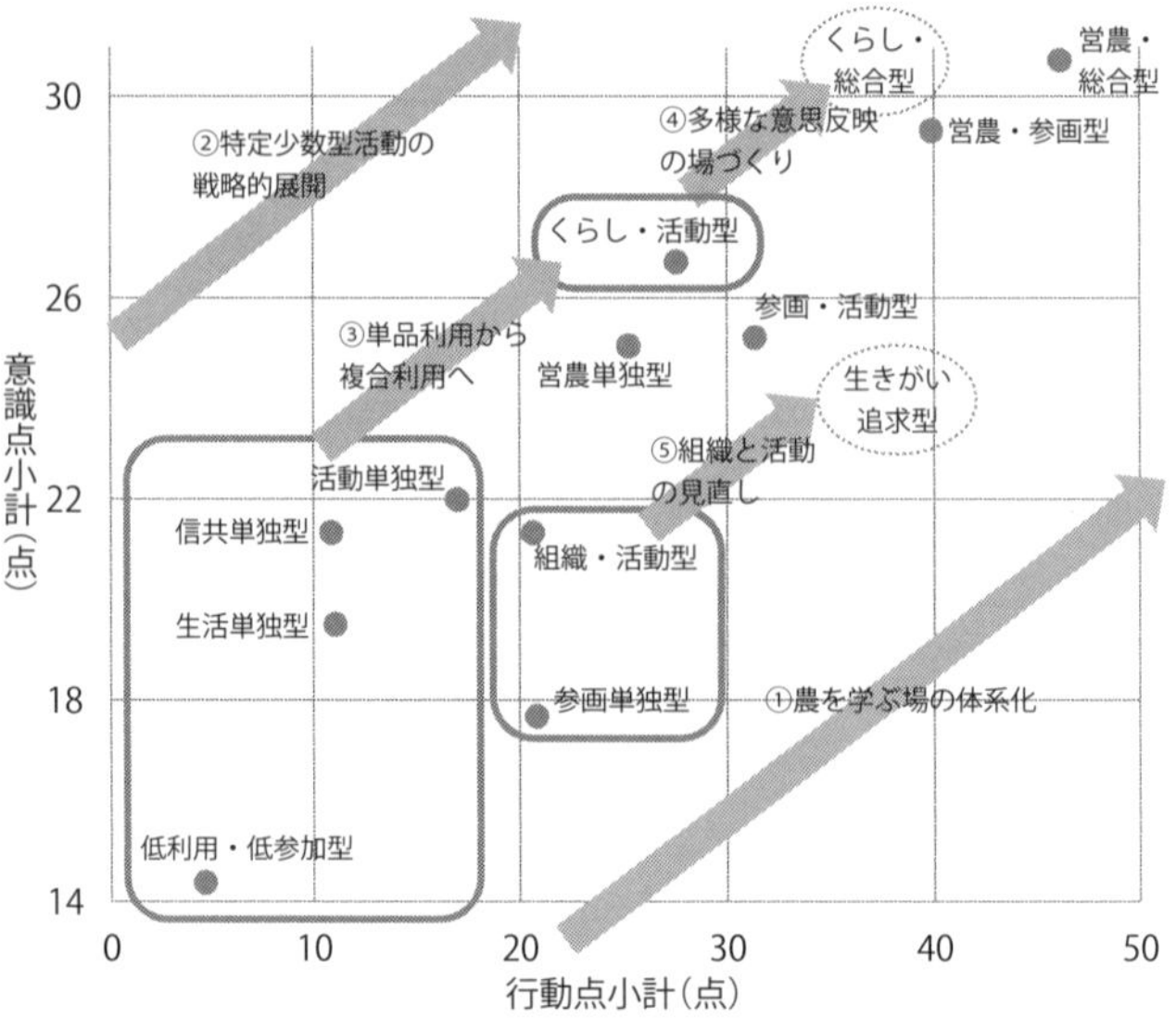

園芸塾などへの参加を働きかけ、家庭菜園に取り組むよう後押しする。家庭菜園実践者のなかには、みずから作った野菜を売りたいと考える人も出てくるだろう。そういう人向けには、直売所で売れる野菜作りを学ぶ栽培技術講座への参加を誘導する。そして農業経営を発展させたいと考えるようになった人には、労務管理やマーケティングなどを学ぶ農業ビジネス講座に参加してもらう。

ここで例示した学びの場は、すでに多くのＪＡはくらしの活動や営農指導事業のなかで実践しているだろう。それらをバラバラに展開するのではなく、参加者のステップアップを意識して取り組む。農を学ぶ場の体系化を通じたアクティブ・メンバーシップの強化は、農業協同組合として王道の取り組みといえよう。

(2) 特定少数型活動の戦略的展開

先の**表４**でみたとおり、活動参加・組合員組織加入・意思反映といった非事業面での関わりは「わがＪＡ」意識の醸成を促す。そして同意識の高い組合員は事業利用も高い。ＪＡは組織を挙げて非事業面での対応に力を入れるべきである。

近年、支店協同活動が広がりをみせたこともあり、多くの組合員は活動参加については実践できている。しかし、組合員組織については新たなタイプの組織化などが進んでおらず、年金友の会を除けば多くの組織は縮小傾向にあるのが実態であろう。

こうした状況のなかで期待されるのが、特定少数型活動の戦略的展開である。これが、アクティブ・メンバーシップ強化に向けた第二の基本方策である。先の**表４**で確認したとおり、特定少数型活動は連帯感などを醸成するうえでは組合員組織に劣らない効果を有している。また、同活動の典型である女性大学が近年人気を博していることに象徴されるように、組合員組織に加入するのに比べて参加のハードルは低いと考えられる。

多様なテーマ設定を行い、それに関心のある人たちを集めた特定少数型活動を展開する。修了生には連帯感が醸成されていると想定されるので、それをベースとする小グループなどの立ち上げを後押しする。活動が継続されるならば組合員組織への移行も視野に入るだろう。また、不特定多数型活動とは異なりメンバーが特定されているため、意思反映の場への参加についても働きかけやすいはずである。このように、特定少数型活動をその先を見据えて戦略的に取り組むことが期待される。

(3) 単品利用から複合利用へ

第三の基本方策は、活動単独型・信共単独型・生活単独型などに属する人をくらし・活動型へと後押しすること、単品利用者を複合利用者へと誘導することである。この点については第6章で事例として取り上げるＪＡあいらの取り組みが参考となるだろう。

同ＪＡにおいては総合ポイントカードを導入し、さまざまな事業はもちろんのこと、活動についてもポイント付与の対象としている。また、全戸訪問活動を通じて事業や活動の情報を直接組合員に伝えている。総合ポイントカードをハード、全戸訪問活動をソフトとするならば、同ＪＡにおいてはハードとソフトが相まって事業と活動の複合的な利用・参加が促進されている。こうした対応が単品利用者を複合利用者へと誘導する基本といえよう。

また、近年多くのＪＡでは農業応援貯金をはじめ、複合利用を意識した商品の導入を進めている。こうした取り組みももちろん効果を有しているだろう。

(4) 多様な意思反映の場づくり

正組合員のアクティブ・メンバーシップの理想形は営農・総合型である。これに対し、准組合員の同メンバーシップの到達点といえるのがくらし・活動型である。前者と後者の決定的な差は意思反映の場への参加である。くらし・活動型は意識点・行動点ともに高い水準にあるにもかかわらず、現状では意思反映の場への参加はほとんどみられない。こうした状況を打開するための多様な意思反映の場づくりが、第四の基本方策である。

意思反映の場への参加は、その組合員にとって関心のあるテーマを協議する場でないかぎり、能動的な関与を期待できないだろう。くらし・活動型に属する人は、信共の利用度合いが高く、支店協同活動にも参加していると想定されることから、支店に対するなじみは十分に有していると考えられる。このことを踏まえるならば、支店運営委員会が具体的な意思反映の場として望ましいといえる。また、生活事業のなかで直売所の利用も高いことから、直売所のモニターなども有望といえるだろう。

現在のくらし・活動型に属する人に意思反映の場への参加が加われば、それはくらし・総合型と呼びうる類型といえる。こうした類型の創出により、営農とくらしを両輪とするJAの運営はいっそう強固となるだろう。

(5) 組織と活動の見直し――高齢組合員への今日的対応――

第五の基本方策は、高齢者の生きがい追求に向けた組織と活動の見直しである。本章のなかで、正・准組合員どちらの男女においても年齢が上がるほど意識点が下がること、また、高齢層の割合が高い参画単独型において、意識点が特に低くなっていることを明らかにした。現在のJAにおいては、意識的なつながりが薄れていくなかで組合員であることを終えている人が少なくないと考えられる。

高齢化した組合員に、改めてさまざまな事業利用を求めるのは容易ではない。事業利用ではなく、生きがいを高めることができる場への参加を促すのが好ましいといえる。表出はしないが、MSアンケートによると高齢組合員がJAに期待する活動の第一位は「高齢者の生きがいづくり」である[7]。

現在、少なからぬ高齢組合員は年金友の会に加入している。先にみたとおり、同加入者が多くを占める組織・活動型の意識点は決して低くない。同友の会で行われているスポーツや旅行などの活動は、一定の評価をされているといえるだろう。ただし、同友の会にはＪＡを通じた年金受給者でなければ加入できない。今後ＪＡは、事業を前提とする組織ではなく、高齢者の生きがいづくりという目的を前提とする組織について検討すべきではないか。年金受給をはじめとする事業や、スポーツ・旅行などの活動は参加者が選択できるメニューとする。もちろん社会貢献活動などもそのメニューに加えるのがよいだろう。

高齢化した組合員がＪＡに支えられて生き生きと過ごすことは、次世代にとっても当然好ましいはずである。高齢者の生きがいづくりは、次世代対策という点でも少なからず意義を有するものといえるだろう。

●おわりに ――つながり強化の実践に向けて

本章では、組合員とＪＡのつながりをアクティブ・メンバーシップと捉え、意識と行動の両面からつながりの実際をみてきた。また、その実際を踏まえて今後のつながりの強化に向けた五つの基本方策を提起した。

ＪＡにおいては、しばしば「自覚的」な組合員の重要性が指摘される。それは意識面でのつながりが協同組合の特徴であること、ひいては強みであるからにほかならないといえよう。ＪＡにおける意識面でのつながり、すなわち「わがＪＡ」意識は、事業利用という行動を通じて育まれることもあれば、非事業面での行動を通じて育まれることもあるだろう。

本章で提示した五つの基本方策は、後者に軸足をおいたものが多くなっている。それは、活動参加をはじめとする非事業面での行動もまた協同組合の特徴であり、それを強めることは協同組合にしかできない競争力の強化策といえるからである。こうした強化策を通じて生み出されるつながりは、ＪＡのあらゆる領域に効果をおよぼすものと考えられる。本章のなかで指摘したとおり、組織を挙げて取り組むべきものといえよう。

もちろんかぎられた経営資源のなかで四方八方に手を出すことは困難である。幸いにも、現在のＪＡにおいてはすでに多様な取り組みを展開できているのではないか。ＪＡに求められることは、既存の一つ一つの取り組みについて、それがアクティブ・メンバーシップのどのような点に影響を与えるものなのか位置づけを明確化し、さらに取り組み同士をつなぐ道筋を整理して、組合員のステップアップを後押しすることである。今後の組合員とのつながり強化の実践に当たっては、こうした体系化が期待される。

【注】

(1) 全国農業協同組合中央会、第27回ＪＡ全国大会決議第２部、２０１５年、68頁

(2) 例えば、増田佳昭「協同組合の事業的特質と事業論研究の課題」山本修・武内哲夫・亀谷昰・藤谷築次編『農協運動の現代的課題』、全国共同出版、１９９２年、において、「協同組合の競争力は、（中略）参加が保障されることによる組合員の協同組合への帰属感、信頼感の確保によるところが大きいのではなかろうか」とされている。

(3) 「なるべく地元の農産物を買うなどして地域農業を応援したい」という設問（５段階尺度）において、肯定度合いの高い上位二つの選択肢を選んだ人を優先的に購入する意思を持つ人とみなした。

(4) ＭＳアンケートでは、行動について「運営参画」も点数化できるように設計されているが、本章では割愛する。

(5) 本章では組織コミットメントについて、鈴木竜太『自律する組織人―組織コミットメントとキャリア論からの展望―』、生産性出版、２００７年を参照している。

(6) ここでのこれらに該当しない組合員とは、組合員組織加入のみや活動参加＋意思反映といった行動パターンの組合員を指している。

(7) 75歳以上の「高齢者の生きがいづくり」の選択率は33・８％、第二位は「介護や福祉の活動」で18・３％、65～74歳では、「高齢者の生きがいづくり」の選択率は25・６％、第二位は「栽培技術を学ぶ講座」で21・３％となっている。

第３章

ＪＡの多様性と組合員政策

――つながりの実態と対応課題――

●はじめに

組合員政策を考えるうえで、ＪＡの多様性の実態を正しく捉えておくことが必要である。ＪＡと一言でいっても、都市部のＪＡから農業が盛んな地域のＪＡ、中山間のＪＡまでいろいろなタイプのＪＡがある。また小規模なＪＡから県内全域をエリアとする大規模ＪＡもある。ＪＡを一括りにしてしまうと、誤った現状認識と誤った対応を導き出す危険がある。例えば、２０１４年からの政府主導の農協改革では、ＪＡが一括りに論じられるきらいがあった。そのために、准組合員問題や信用事業分離問題が一律に議論され、理事構成などＪＡの現場になじまない制度化がなされたのではないだろうか。現実に存在するＪＡの多様性を素直に直視することは、それぞれのＪＡがみずからの経営政策を定め、組合員政策を推進するうえでぜひとも必要だし、ＪＡを枠づける法制度を考えるうえでもだいじなことだと考える。

では、ＪＡの多様性とはなにか。ＪＡの特性はその自然的、経済的な立地環境、特に管内の農業や地域経済の状況によって規定される。しかし本章で注目するのは、それぞれのＪＡがどのような組合員によって成り立っているか、すなわち組合員構成である。まず、農業者が多いのか、非農業者が多いのかといった、組合員構成の量的関係が考えられる。それだけでなく、ＪＡは協同組合であるから、それぞれの組合員と事業利用、組織参加、活動参加などさまざまなつながりを持っている。つながりの強い組合員もいればそうでない組合員もいる。組合をどうしても必要とする組合員もいればそうでない組合員もいる。それは、いわばそのＪＡにとっての質的な組合員構成である。全中が実施したＭＳアンケート(1)を用いることで、ＪＡがどんな組合員によって構成されているか、そしてＪＡとどのようにつながっているかをみることができるのである。本章では、組合員構成と組合員とＪＡとのつながりの違いに着目して、多様なＪＡを特徴づけ、類型化したうえで、そこでの組合員政策の課題を検討してみたい。

以下では、まず、事業総利益構成と准組合員比率でＪＡを区分し、事例ＪＡを選定し、それぞれのＪＡの組合員構成の特徴を明らかにする。続いて、ＪＡと組合員とのつながりの現状を、事業利用、組織参加、活動参加、利用意識などの各側面から明らかにする。そして最後に、組合員政策に求められる課題を述べることとする。

１．ＪＡの多様性——事業総利益構成比と准組合員比率からみたＪＡの区分

さて、まずＪＡの多様性についてである。さまざまなＪＡを一つの基準で区分することはなかなか難しい。**図１**では、①事業総利益に占める信用事業総利益比率（横軸）と、②准組合員戸数比率（縦軸）とで、都道府県を区分している。前者はＪＡの事業構成を端的に表すものである。直接的にはＪＡ事業、経営の信用事業への依存度を示すが、逆に営農経済事業への依存度の裏返しでもある。また、後者は文字どおり、正組合員と准組合員の比率で、正組合員戸数を１００とする准組合員戸数を示している。

図１からわかるように、ＪＡの姿はじつにバラエティーに富んでいる。図上の点は都道府県別の平均値だが、信用事業総利益比率で30％、50％を境にⅠ～Ⅲに３区分してある。また、准組合員比率は、正組合員戸数を１

00として准組合員戸数の比率を示しているが、准組合員比率100%、300%で同じようにa、b、cに3区分している。そうすると、グラフ上の空間は3×3で九つに仕切られることになる。ただⅡ－cに位置する都道府県はないので八つに区分されることになる。

図1　信用事業総利益比率と准組合員戸数比率によるＪＡの区分

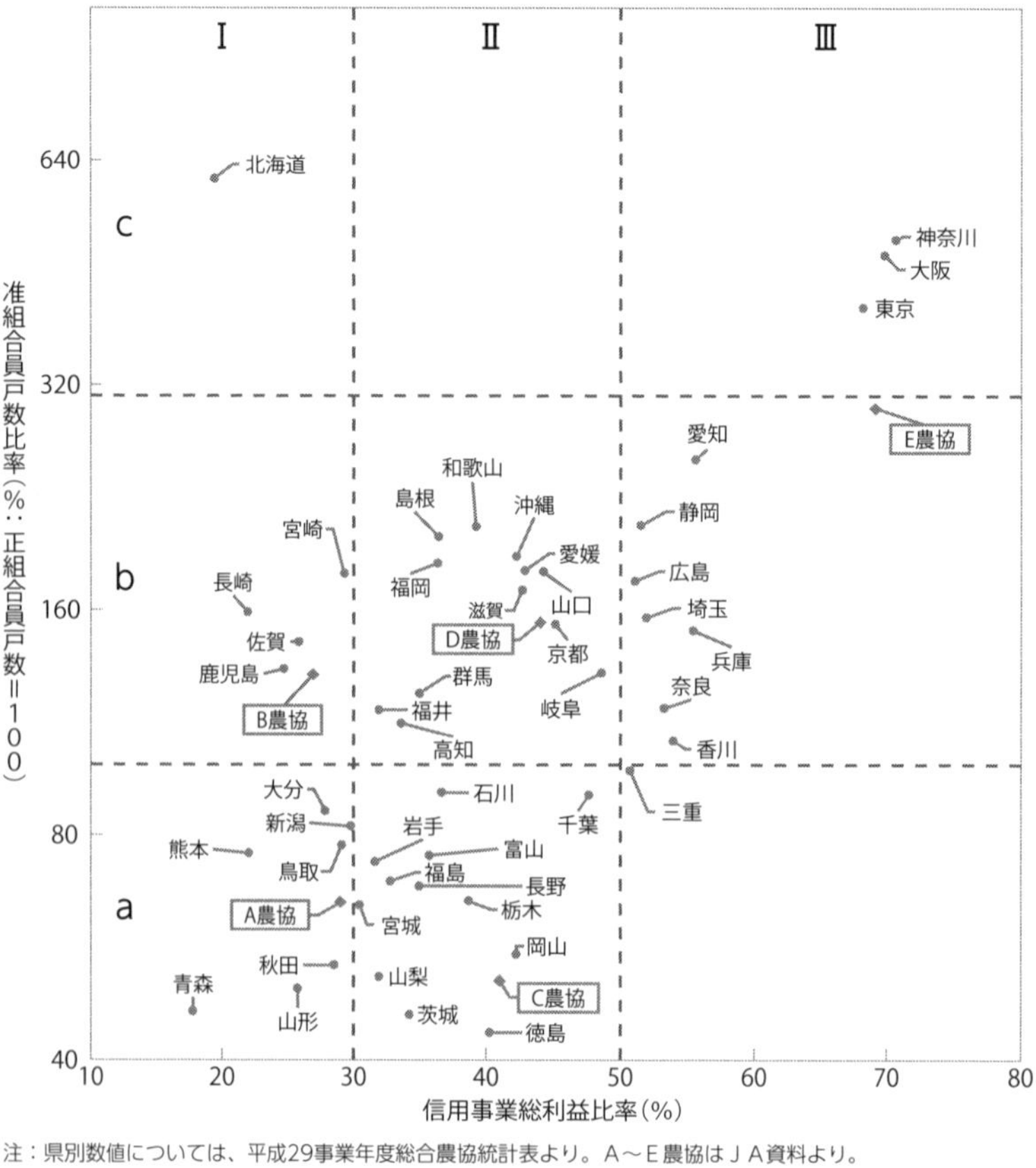

注：県別数値については、平成29事業年度総合農協統計表より。A～E農協はＪＡ資料より。

まず、図の左側Ⅰに位置する道県は、信用事業総利益比率が低い、逆にいえば営農事業などの経済事業比率が高く農業のウエイトが高い（そのほかに共済事業総利益も考慮する必要があるがここでは省いた）。47都道府県のうち12道県がそこに位置している。そのなかで、一番下に位置するⅠ－aは、准組合員比率が低い県であり、組合員構成が正組合員中心の県である。東北の青森、山形、秋田、九州の熊本、大分、そして鳥取、新潟が含まれる。その上に位置するⅠ－ｂは、信用事業総利益比率が低い、つまり農業中心だが准組合員比率が比較的高い県である。長崎、鹿児島、佐賀、宮崎の九州諸県のみで構成される。さらにその上のⅠ－ｃは、営農経済事業が中心にもかかわらず准組合員比率がきわめて高いものである。ここには北海道のみが位置する。

続いて、Ⅱは信用事業総利益比率が30～50％と中位のグループである。ここには24の府県が位置している。一番下のⅡ－ａはそのなかで最も准組合員比率が低い県である。東北の岩手、宮城、福島、関東の栃木、茨城、千葉、東山《とうさん》の長野、山梨、北陸の石川、富山など大都市圏から比較的離れた農業県が中心とみることができる。その上に位置するⅡ－ｂは、信用事業総利益比率、准組合員比率がともに中位のグループである。具体的には京都、滋賀、岐阜、福岡などの都市に隣接する府県、島根、山口、愛媛、高知、沖縄など、大都市圏から離れた県など地域性はかならずしもはっきりしない。

さらに、Ⅲは信用事業のウエイトが高い都府県である。一番下のⅢ－ａに三重県のみが位置するが、ほぼ境界上に位置するので、Ⅲ－ｂに含めて考えてよいだろう。信用事業のウエイトの高い県は准組合員比率も高い傾向があるが、Ⅲ－ｂは埼玉、静岡、愛知、奈良、兵庫、広島、香川といった関東、東海、山陽の都市化ベルト地帯の諸県が位置している。最後に、Ⅲ－ｃは、信用事業のウエイトが高くかつ准組合員比率がきわめて高いグループで、東京、大阪、神奈川が位置している。

このようなＪＡのばらつきをみると、少なくとも以下のような点が指摘されるだろう。第一に、総合経営と呼ばれるＪＡであるが、ⅠからⅢの区分のように、事業構成が大きく異なっていることである。それはＪＡが立地する地域の経済的な環境や地域農業の状況を反映しているが、それぞれのＪＡが拠って立つ事業基盤が異なることを意味する。経済事業体であるＪＡをみるさいには事業基盤の違いはきわめて重要である。

第二に、ＪＡの経営政策における准組合員の位置づけについてである。ａのグループでは准組合員数は正組合員よりも少ない。基本的に正組合員中心の運営となるであろう。それに対して、bグループでは正組合員を上回る准組合員を抱えていて、それが事業、経営において占めるウエイトも無視できない。さらにcグループでは数の上で准組合員は圧倒的な多数派である。かれらを事業面、組織面、さらにはガバナンスにどう位置づけるか、それぞれのJAがきちんと答えを出さなければならないだろう。

第三に、制度的な問題である。これだけ違いのあるJAに対して、准組合員の利用制限を一律にかぶせることはできないだろう。また、信用事業分離を選択するかどうかも、JAの実情がこれだけ違えば答えもおのずと異なってくるだろう。さらにいえば、認定農業者中心の理事会構成が望ましい姿なのかどうかも、こうした現実を踏まえて判断されるべきだったと考える。

2. 事例JAの特徴と組合員構成

(1) 事例JAの特徴と位置づけ

上記のようなJAの分布を考慮して、以下では五つのJAを選定してMSアンケートの内容を分析することにする。選ばれたJAは以下のとおりである。前出図1には、それぞれのJAの位置が表示されているので併せてみてほしい。

A農協：農業中心の産地型JA

まず、A農協は、I－aに位置するJAである。東海地方に立地する有名な果樹のブランド産地JAである。信用事業への依存度が低く営農事業が主体、組合員構成は正組合員中心で准組合員比率が低いJAである。正組合員戸数約1600戸、准組合員戸数1000戸余りである。貯金残高約700億円、農産物販売高は約90億円で、信用事業総利益比率29%、准組合員比率65%である。管内の総世帯数約5200戸に占める組合員世帯の割合は51％で過半を占めており、地域におけるＪＡの存在感は大きい。

Ｂ農協：Ａコープ利用者など准組合員も多い産地型ＪＡ

Ｂ農協はⅠ－ｂに位置する営農事業中心（信用事業総利益比率27％）だが准組合員比率が高いＪＡである。九州地方に立地し、畜産、茶、畑作が中心の農業地帯のＪＡである。管内には県連チェーンのＡコープが11店舗営業しており、同店舗を利用する准組合員も多い。農産物販売高約１００億円、貯金残高は約１４００億円、正組合員戸数約８２００戸、准組合員戸数１万７００戸で、准組合員比率は１３１％である。県内有数の地方中核都市を抱え、管内の総世帯数（約９万戸）に対する組合員戸数比率は22％である。

Ｃ農協：地域におけるＪＡ組合員比率が高い中山間地型ＪＡ

Ｃ農協は信用事業依存度が中位で准組合員比率が低いⅡ－ａに位置づけられる、中国地方の中山間地域のＪＡである。正組合員戸数約７０００戸、准組合員戸数３６００戸で准組合員比率は51％と低い。農産物販売高は米、野菜中心に約20億円、貯金残高は１２００億円で、信用事業総利益比率は41％である。正・准を合わせた組合員総戸数は１万を超えて管内総世帯数１万６０００戸のほぼ３分の２にあたり、世帯カバー率は高い。

Ｄ農協：准組合員比率が高い水田地域型ＪＡ

Ｄ農協はⅡ－ｂに位置づけられる、近畿の水田地帯に立地し、管内に地方都市を抱えるＪＡである。正組合員戸数６７００戸、准組合員戸数１万３００戸で、准組合員比率は１５４％、信用事業総利益比率は44％である。農産物販売は米を主体に約30億円、貯金残高は約２３００億円である。また、農村地帯だが管内に地方中核都市を抱えて、管内世帯数に占める組合員世帯比率は32％である。同ＪＡでは、以前から女性部活動を中心にくらしの活動が活発に取り組まれているのが特徴である。

Ｅ農協：准組合員比率が高く信用事業主体の都市型ＪＡ

最後にＥ農協はグラフ上ではⅢ－ｂに位置づけられる近畿の大都市圏のＪＡである。高い信用事業比率と准組合員比率から、むしろⅢ－ｃに近い性格を持つ。正組合員戸数約9100戸に対して准組合員戸数約2万7000戸で准組合員比率は294％、正組合員の3倍の准組合員を抱える。貯金残高は6000億円を超えて信用事業総利益比率も69％と高く、都市農協の性格を持っている。ただし、野菜、果実を中心に約30億円の農産物販売高もあって農業のウエイトも無視できない。

(2) 各ＪＡの組合員構成

それでは、それぞれのＪＡはどのような組合員によって構成されているのだろうか。以下では、組合員をグループ分けして、その構成をみてみたい。では、組合員をどのように区分したらいいのだろうか。

正組合員と准組合員の区分は、農業協同組合法に定められたＪＡにおける制度的な組合員区分だから、重要なことはまちがいないが、それは組合員を制度的に区分したものにすぎない。同じ正組合員であっても、農業で生計を立てる専業的な農業者もあれば、農地のほとんどを貸し付けている「土地持ち非農家」的な者も存在する。そこで、正組合員を農業への依存度を表す農産物販売状況によって「農産物販売高300万円以上」「同じく300万円未満」「農産物販売なし」の三つに区分することにする。のちにみるように、農業者組合員のＪＡとのつながりは、農産物販売の有無によって大きく異なるからである。

准組合員についてはどうか。准組合員は、一般に次のようなタイプが存在するといわれている。(ア)元農家など地域の定住者で古くからＪＡを利用する者、(イ)大口貯金者など貯金を中心にＪＡの金融事業を利用する者、(ウ)住宅ローンなど資金借入を中心に利用する者、(エ)Ａコープなどを中心に経済事業を利用する者、の四つである。残念ながら、今回のＭＳアンケートではこれらを明確に聞く質問項目を設定していない。そこで、「実家が農家、あるいは農家であった」か否か、つまり農家ルーツの組合員であるかどうかでまず准組合員を分けた。さらに、実家が農家と関係のない者については、家庭菜園も含め「野菜などの栽培をしている」者とまったく

「栽培をしていない」者に分け、三つのグループに区分することにした。すなわち、農家をルーツに持つ「農家ルーツ准組合員」、農家ルーツではないが家庭菜園などを営む「農的生活者准組合員」、いずれにも当てはまらない「その他准組合員」である。

　このように、正組合員を三つ、准組合員を三つ、合計六つに分けたときの各ＪＡの組合員の状況をみたものが**図２**である。この図では、横軸に正組合員を１００としてその右に准組合員を表示している。

(3) 正・准組合員の特徴

正組合員の農業依存度に大きな差異

　さて、**図２**では、ＪＡにおける准組合員比率は、最小のＣ農協と最大のＥ農協のように、大きな違いがあることを改めて確認させられる。

　まず正組合員からみてみよう。ブランド果樹の産地型ＪＡと呼んだＡ農協は、３００万円以上販売組合員68％とじつに３分の２以上を占める。農業で生計を立てている生産販売農家という正組合員の「同質性」が高く保たれているＪＡであることがわかる。同じく産

図２　ＪＡ別にみた組合員構成の状況

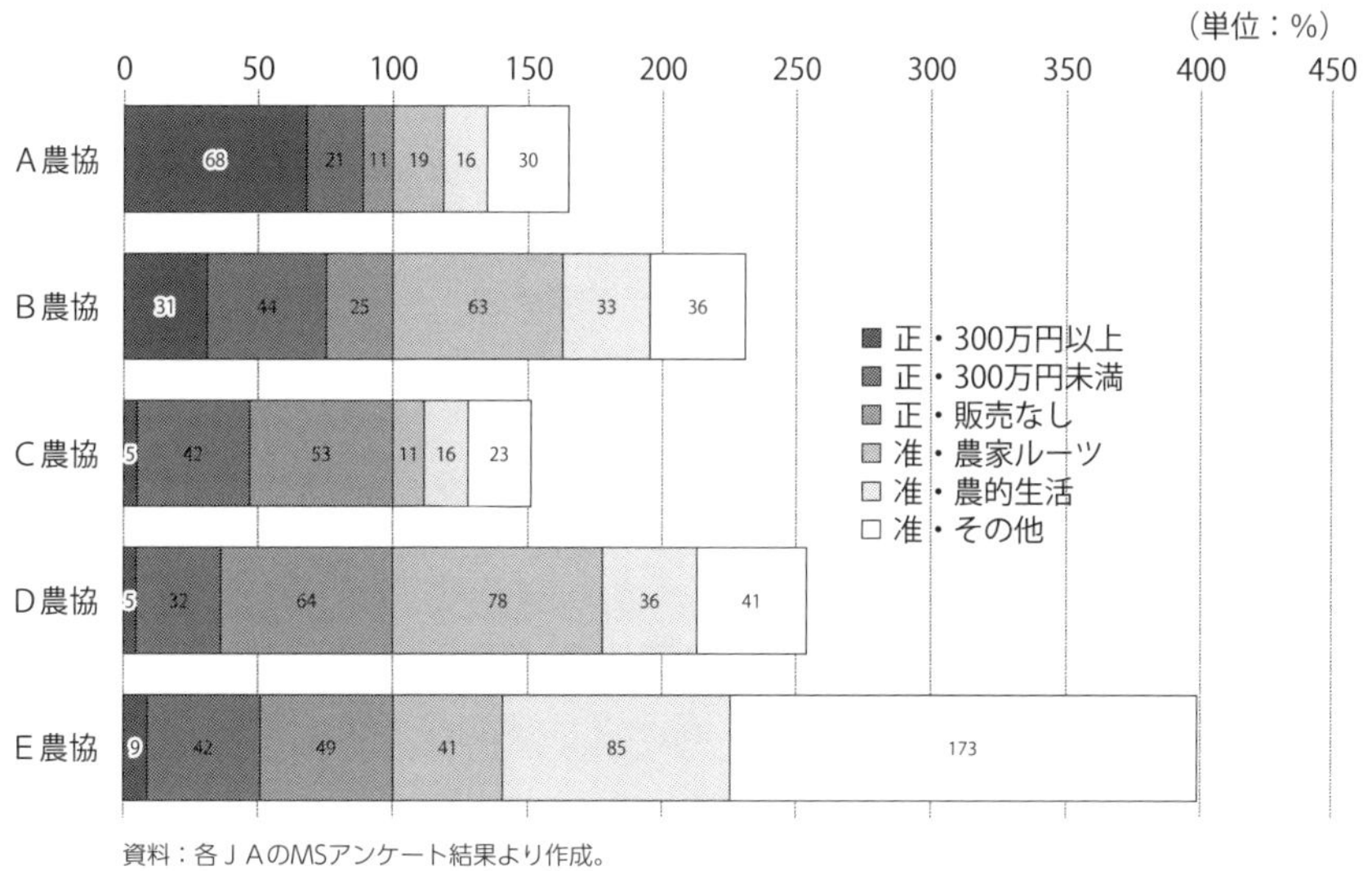

資料：各ＪＡのMSアンケート結果より作成。
注：正組合員戸数を100としてそれぞれの割合を％で表示している。

地型ＪＡと位置づけたＢ農協でも、３００万円以上販売組合員は全体の３割強を占める。また、３００万円未満の販売農家を合わせると全体の４分の３が販売農家である。正組合員の農業との関わりの強さ、特に販売農家の多さが特徴的である。

これに対して、Ｃ・Ｄ・Ｅ農協は、正組合員に占める３００万円以上販売組合員の割合はきわめて低く、逆に販売なし正組合員がほぼ半数以上を占めている。販売なし組合員比率が最も高いのが水田農業地帯のＤ農協で正組合員の64％を占めている。中山間地域のＣ農協も53％である。大都市部のＥ農協は49％である。水田地域や中山間地域を中心に、こうした販売なし組合員比率の高さが特徴的であり、そのような正組合員にどう対応するのかがＪＡの大きな課題となっている。

高齢化が進む正組合員

図出はしていないが、正組合員回答者の男女別構成比をみると、男性が圧倒的に多い。Ａ、Ｅ農協で男性比率は９割に達する。Ｂ、Ｃ農協が約８割である。くらしの活動への取り組みが特徴的なＤ農協が若干低く77％（女性比率23％）であった。

年齢別にみると（**図３**）、65歳以上の組合員が、Ｂ～Ｅ農協ではいずれも過半を占める。これに対してＡ農協では50～64歳が62％を占め、49歳以下も19％を占めている。総じてＪＡの正組合員構成が高齢化しているなかで、Ａ農協は異質な位置にあるといえる。

図３　正組合員の年齢別構成

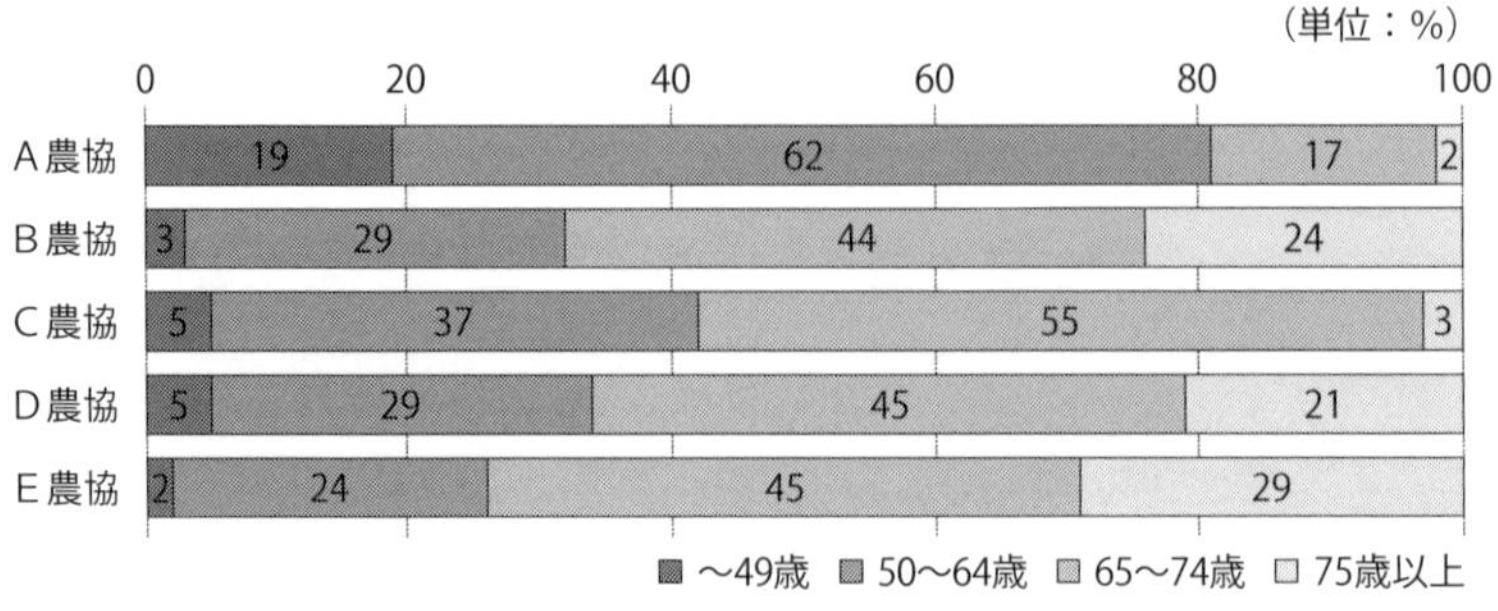

資料：図２に同じ。
注：四捨五入の関係で合計が100とならないことがある。以降の図表も同様。

アンケートでは、正組合員について販売金額だけでなく「認定農業者」「専業的農家」「兼業的農家」「自給的農家」「農業はしていない」の選択肢で農家タイプを聞いている（図4）。「認定農業者」と「専業的農家」を足した割合はA農協で65％、B農協で47％と高い。それに対して、中山間のC農協、水田地帯のD農協では「自給的農家」と「農業はしていない」を足した割合がそれぞれ51％、61％と半数を上回る。水田地帯での正組合員農家の顕著な脱農傾向がみてとれる。ただ、大都市部のE農協では野菜、果樹生産農家の存在を反映して、「兼業的農家」と答える者が50％を占めている。大都市圏JAの正組合員は意外に農業とのつながりが強いといえそうである。

注目すべき准組合員の「農家」、「農業」とのつながり

次に、准組合員についてみてみよう（前出図2）。ここで注目したいのは、実家が農家、あるいは農家だったと答えた「農家ルーツ准組合員」である。その割合は水田地域のD農協で対正組合員比78％（准組合員に占める割合50％）に達する。同様に産地型JAのB農協でもその割合は対正組合員比63％（同48％）である。これらのJAでは、地方都市を管内に有することもあって、農家世帯の二、三男などが近隣に居住し、いわば「実家つながり」でJA准組合員として加入しているものとみられる。おそらく、このような農家ルーツ組合員は全国の多くのJAで少なからぬ割合を占めるものとみられる。

図4　正組合員の農家タイプ別構成

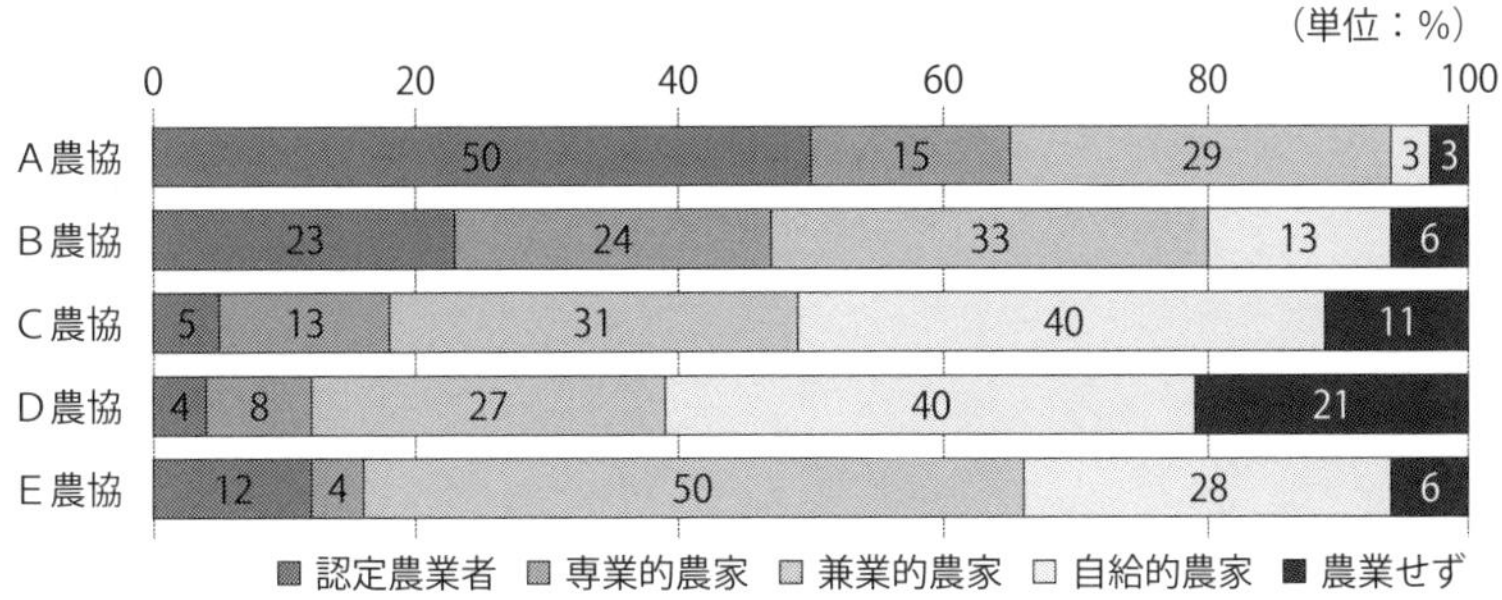

資料：図2に同じ。

逆に中山間のC農協の農家ルーツ准組合員は少ない。おそらく、農家世帯出身者の多くが都市部に流出していることの反映だろう。中山間地域の人口減少地帯では、先にみたように組合員の管内世帯数カバー率は高く、准組合員拡大には限界があるのではないだろうか。

また、家庭菜園などでなんらかの栽培を行っている「農的生活者准組合員」も、すべてのJAで2割から3割程度を占める。大都市圏のE農協でも同様で、対正組合員比85%（准組合員に占める割合28%）と相当の多数を占める。

農家ルーツ准組合員と農的生活者准組合員を合わせると、B農協、D農協では准組合員のほぼ4分の3、A農協、C農協で5割強、E農協でさえ4割強を占めるという事実は重要である。准組合員のかなりの部分が「農家」ないし「農業」となんらかの関わりを持つ組合員なのである。

図5　准組合員の年齢別構成

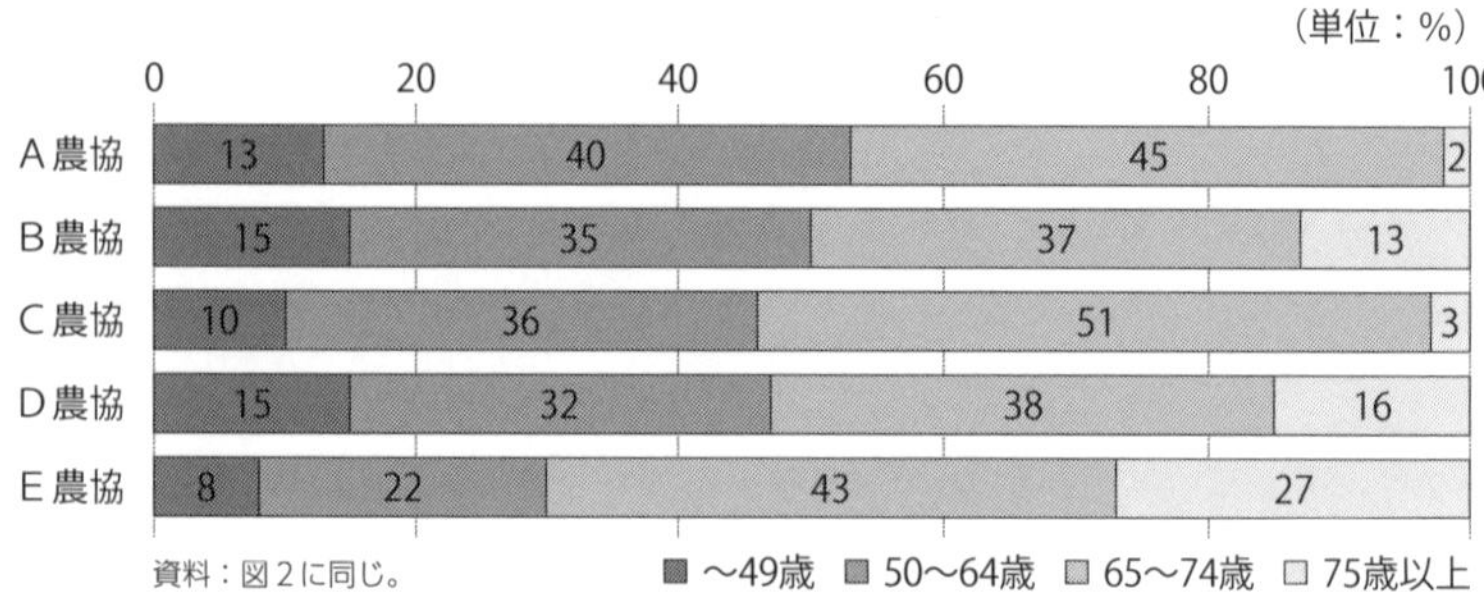

資料：図2に同じ。

図6　准組合員の加入動機

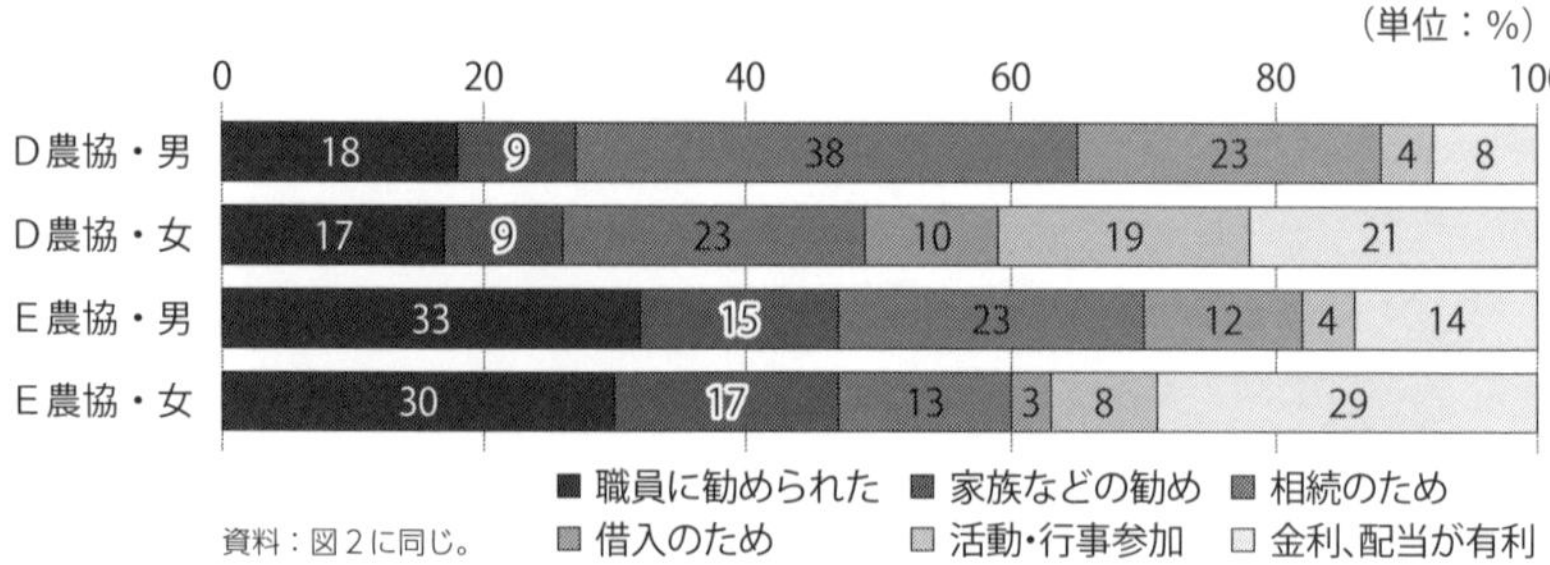

資料：図2に同じ。

准組合員でも進む高齢化と、多様な加入動機

図出は省いたが、准組合員の男女別構成をみると、正組合員と違って女性比率が高い。Ｂ農協49％、Ｄ農協47％、Ｅ農協48％で女性はほぼ半分を占める。これに対して、Ａ農協（26％）、Ｃ農協（31％）では相対的に低い。年齢別にみると（図５）、65歳以上比率はＥ農協が70％と最も高い。Ｄ農協54％、Ｃ農協54％、Ｂ農協50％、Ａ農協47％と続く。准組合員でも高齢化が進行していることに留意しなければならない。

同じく図出を省くが、准組合員の加入動機をみると、共通して多いのが「親、配偶者からの相続のため」で、Ａ農協、Ｃ農協、Ｄ農協で高い。この点からも准組合員の「農家ルーツ」性がみてとれる。また、「借入のため」も、Ｅ農協以外では男女ともに高い比率を占めている。住宅ローンなどの利用のために加入した准組合員が一定数存在することがわかる。

特徴的なのは、Ｄ農協の女性で「ＪＡの活動、行事に参加するため」とする者が19％存在する。同ＪＡが意欲的に取り組んできたくらしの活動への参加がきっかけと推察される。さらに、「金利や配当が有利」と答えた者がＥ農協女性（29％）、Ｄ農協女性（21％）で多かった（図６）。

３．組合員はＪＡとどのようにつながっているか

⑴　組合員はどのように事業を利用しているか

次に、組合員とＪＡがどのようにつながっているか、順番にみていくことにする。まず、事業利用である。

産地型ＪＡ、都市型ＪＡで高い営農事業の利用結集度

農産物販売事業の利用状況をみると（図７）、Ａ農協では51％が「ほぼ全てＪＡ」と答えており、Ｂ農協でも「ほぼ全て」が３割、「半分以上」と合わせると約４割がＪＡ利用中心である。これらのＪＡでは、販売事

図7　正組合員のＪＡ利用状況（農産物販売）

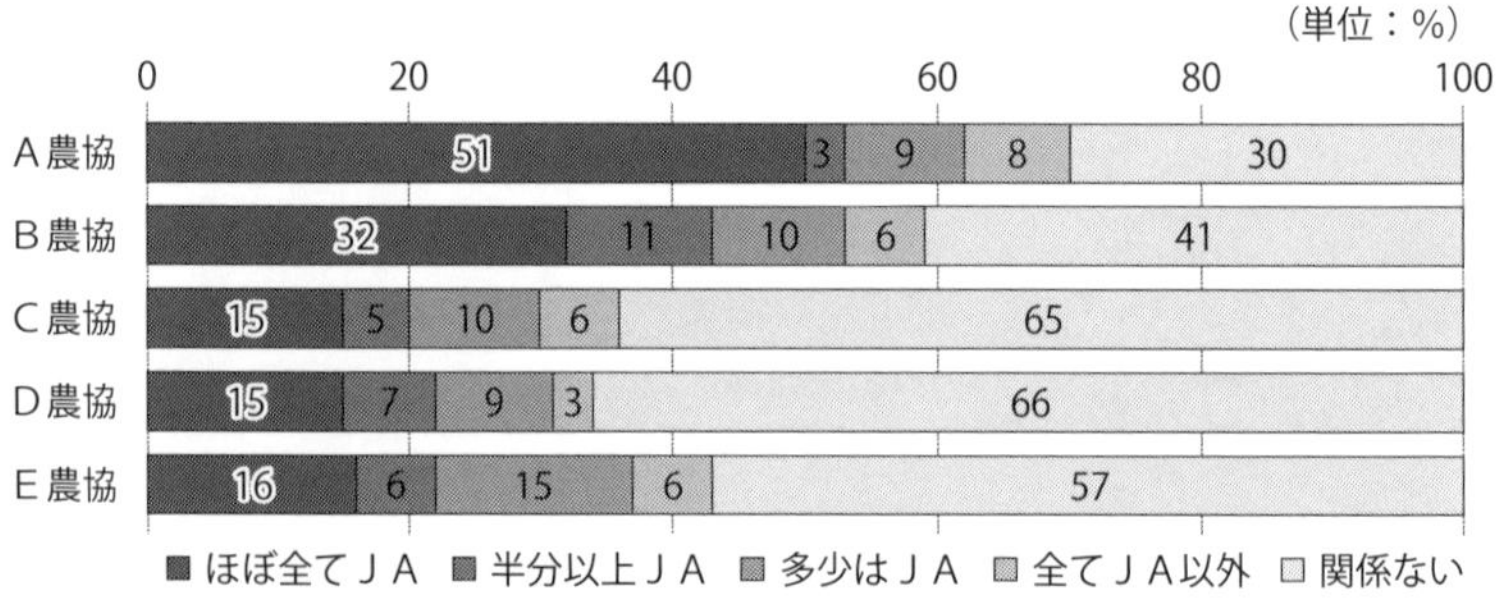

資料：図2に同じ。

図8　正組合員のＪＡ事業利用状況（資材購買）

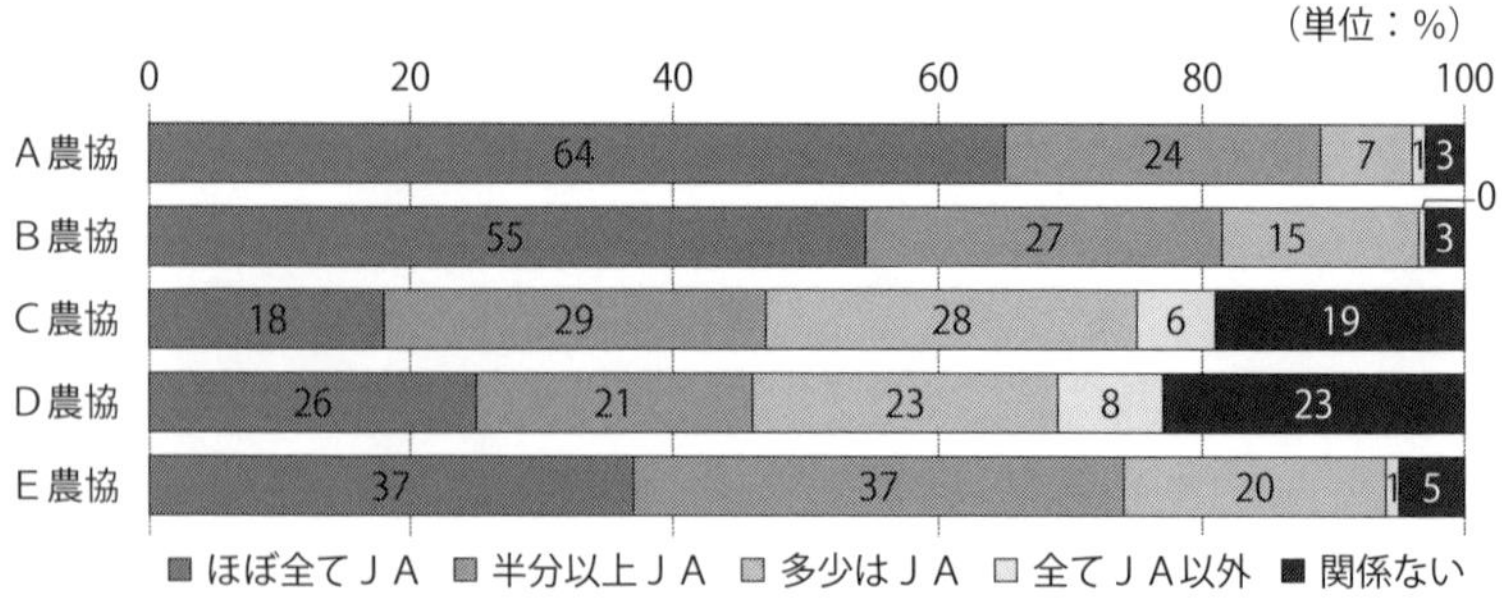

資料：図2に同じ。

業への結集度が高いといえるだろう。他方で、農産物販売は「関係ない」と答える者が、C農協、D農協でほぼ3分の2、E農協で半分を占めている。農家組合員の分化に伴って、農産物販売を行う組合員比率は次第に低下している。

だが、農業資材の購買でみるとやや様相が異なる（図8）。「関係ない」と答えた者はD農協で23%、C農協で19%にとどまり、量の大小はあるにせよ、なんらかのかたちで組合員が資材購買を行っていることがわかる。資材購買の結集度では、A農協、B農協の産地型ＪＡで、「ほぼ全てＪＡ」が64%、55%ときわめて高いほか、都市型ＪＡであるE農協でも同37%とＪＡへの利用結集度は高い。都市型ＪＡにおいて資材購買がＪＡ事業利用において重要な位置を占めていることを示唆する。

これに対して、中間的な地域に立地するC農協、D農協では資材利用組合員自体は多いのだが、JAへの結集度はそれほど高くない。「多少はJA」「全てJA以外」とする者が、3分の1前後を占めている。これら地域では、資材購買事業をめぐって、JA以外の業者との競合が存在することがうかがわれる。

貯金――産地型JA、都市型JAで高い正組合員の結集度、他金融機関と利用が拮抗する准組合員――

次に、信用、共済事業について利用状況をみてみたい。

貯金では「ほぼ全てJA」を利用すると答える正組合員の割合は、A・B農協の産地型JAでほぼ4割を占める。また、両JAでは「半分以上JA」を加えると8割程度になる。利用結集度はきわめて高い。次に高いのが都市型JAのE農協である。「ほぼ全て」が30%、「半分以上」が46%、合わせてほぼ4分の3を占める。相対的にJAへの結集度が低いのがC・D農協である。「ほぼ全て」が2割強、「半分以上」を合わせても約6割である。逆に「多少はJA」が両JAでは3分の1強を占める（図9）。

准組合員はどうか。全体的にみればJA利用派と他金融機関利用派が拮抗している。C・D農協ではむしろ他金融機関利用派が優勢である。そのなかでも、正組合員と同様にA、Bの産地型JA、Eの都市型JAでは、相対的にJAへの結集度が高い（図10）。

さらに、正・准組合員別に貯金利用店舗を選ぶ理由を聞いたものが図11

図9　正組合員のJA利用状況（貯金）

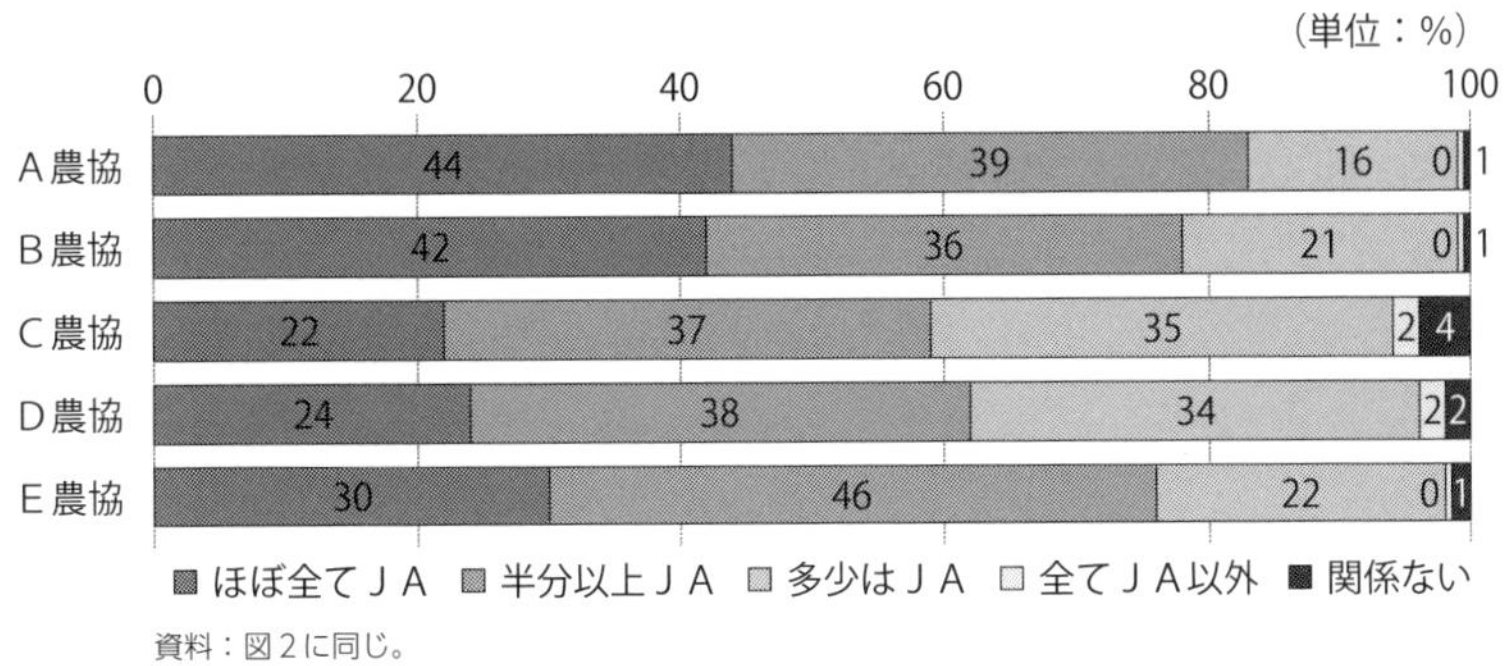

資料：図2に同じ。

である。これによると「店舗が近い」は両者ともに約4割と最も高いが、最大の違いは、正組合員が「JAに親近感があるから」(26%)が第2位であるのに対して、准組合員は「金利が有利」(19%)が挙げられていることである。金利志向の准組合員の存在が示唆されるところである。

共済 ――高い正組合員の利用結集度、准組合員でもJA利用が優勢――

共済について、正組合員の利用状況をみると(図12)、A農協では「ほぼ全てJA」が73%と圧倒的な割合を占める。それ以外のJAでもその割合は4割から5割である。また、「半分以上JA」を加えるとA農協は9割以上、B～E農協でも7割前後となる。正組合員の共済、保険利用においてJAの地位がきわめて高いことがわかる。共済事業で組合員のJA利用度が高い原因についてはより詳細な検討が必要だが、おおいに注目すべき事実である。

准組合員でもJAの優位性は高いようである(図13)。回答者の年齢構成のせいで「関係ない」と答える者が都市型JAをはじめ一定数を占めるが、それを差し引くといずれのJAでもJA利用が優勢である。おそらく、人的つながりが重要な要素になっている共済利用において、JAの優位性が生きているのではないかと思われる。

借入 ――大きな違いがない正・准組合員の利用構造――

借入についてみてみよう(図14、図15)。A農協を除けば、正組合員で借入を行っている者の割合は低い。B～E農協では「関係ない」と答

図10 准組合員のJA利用状況(貯金)

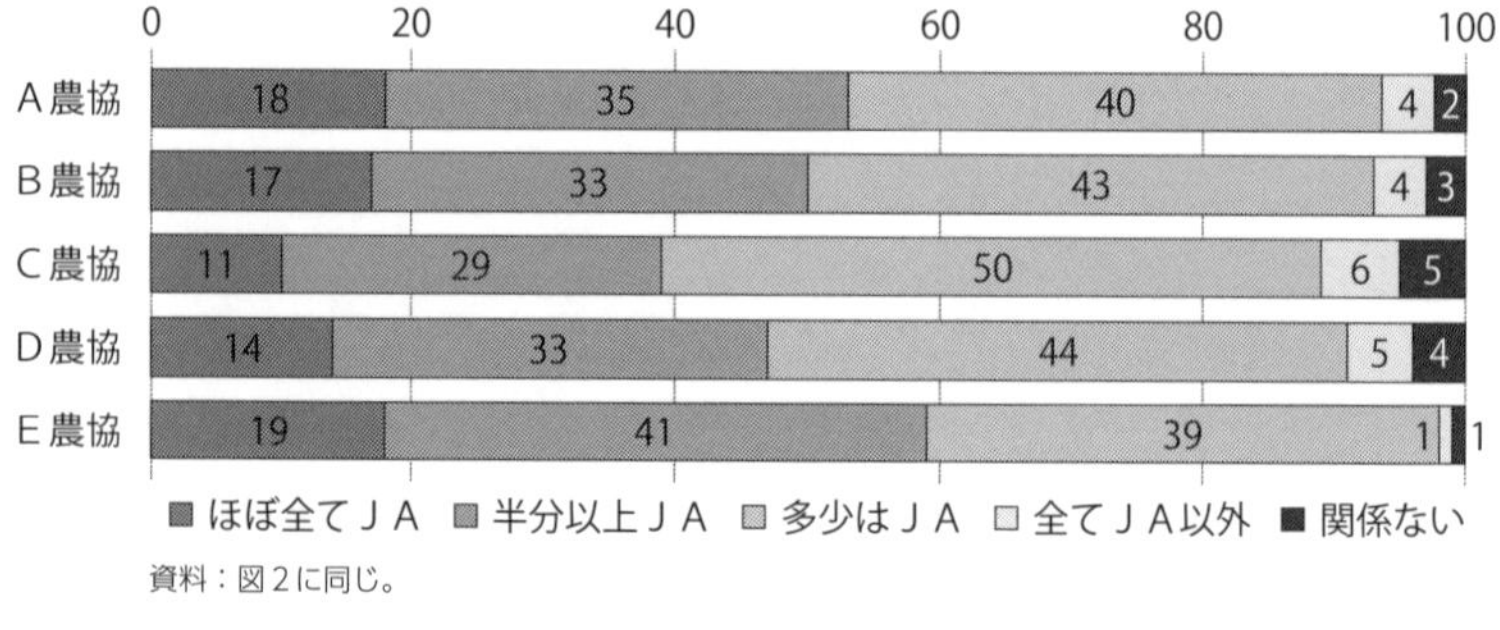

資料:図2に同じ。

図11　正・准組合員別にみたＪＡ貯金利用の理由

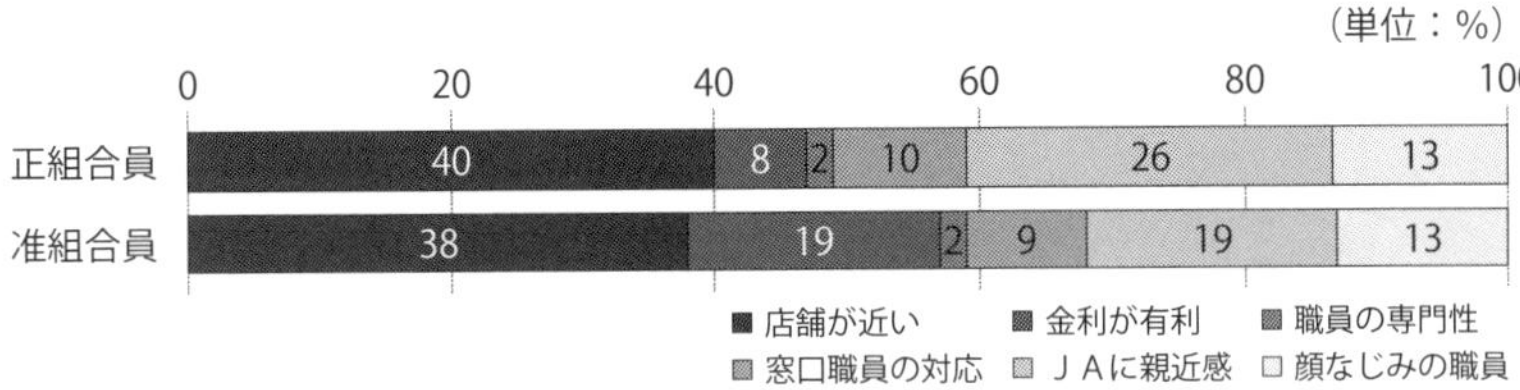

資料：図２に同じ。
注：対象５ＪＡの回答者全体についての集計。

図12　正組合員のＪＡ利用状況（共済）

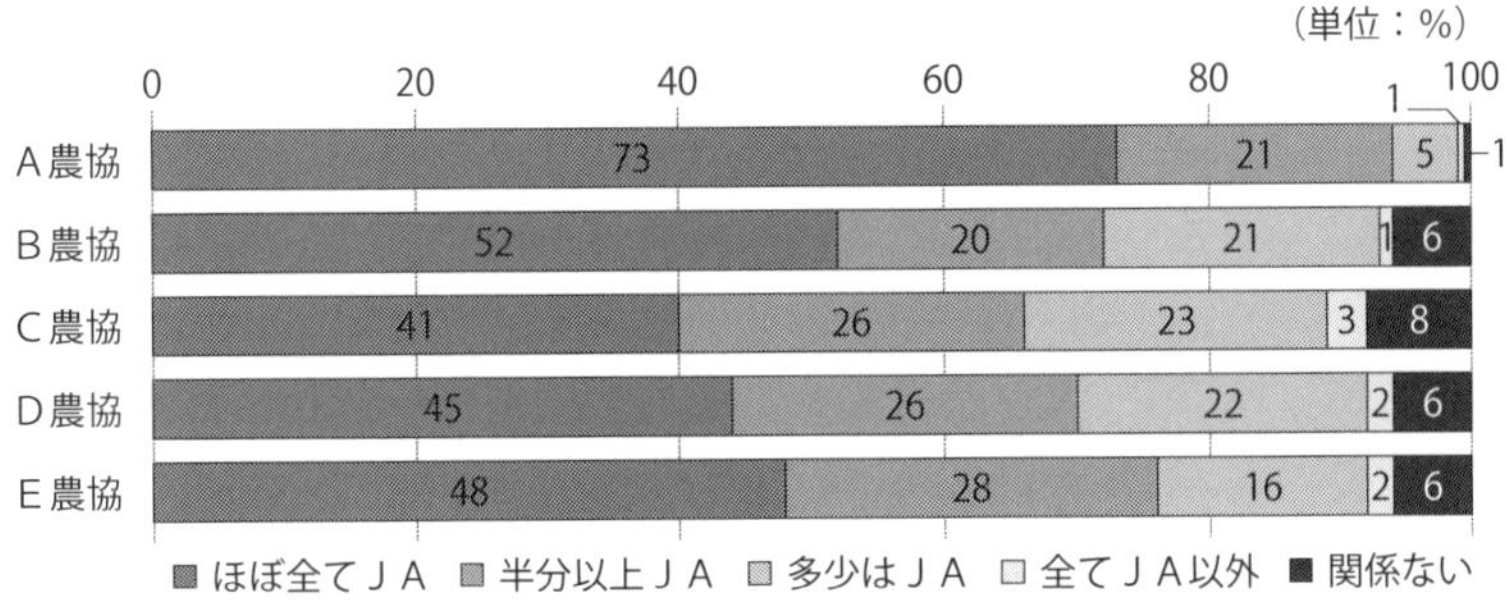

資料：図２に同じ。

図13　准組合員のＪＡ利用状況（共済）

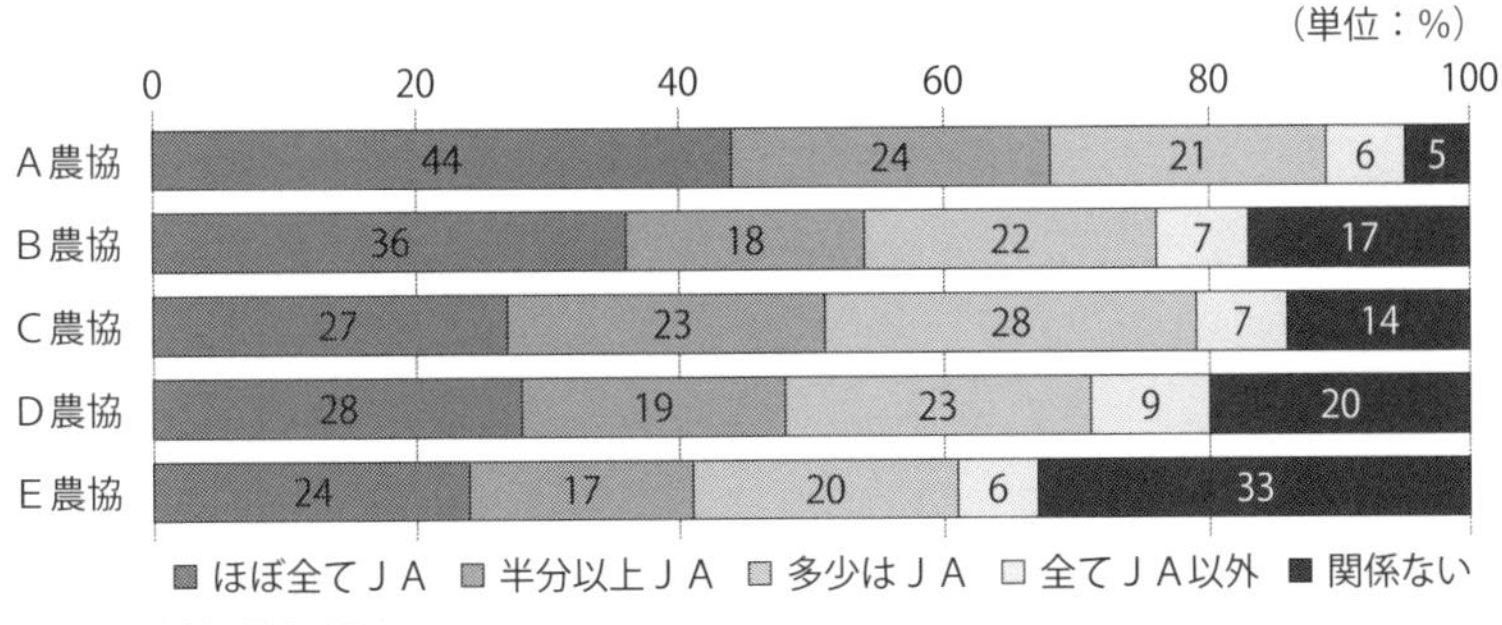

資料：図２に同じ。

える者が6～7割以上を占める。このことは回答者が高齢者に偏っていることによるものであろう。表示は省くが、Ａ農協では借入者は比較的若年層が多い。いわゆる正組合員の次世代層が、借入を通じてＪＡとつながっていることがうかがわれる。

支店は依然として組合員との重要な接点

事業拠点でのつながりをみておく（図16、図17）。正組合員の本店、支店訪問頻度で最も多いのが「月数回」である。5割から7割の正組合員が「月数回」以上本店、支店を利用している。近年、支店来店者数が減っているといわれるが、それでも正組合員にとって支店は重要なＪＡとの接点である。

営農センターは、やや状況が異なる。営農センター訪問頻度は組合員の農業度と高い相関がありそうである。産地型ＪＡのＡ農協では約7割が「月数回」以上であるが、同じ産地型であるＢ農協でのその割合は24％、Ｃ・Ｄ農協は10％台である。都市型のＥ農協が33％と意外に高い。このような関係は、ＪＡが立地する地域の農業構造との関わりが強い。Ｃ・Ｄ農協といった水田農業中心の地域では、農家の分化が進んで営農センターを直接的に利用する組合員が減少している状況がよくわかる。

(2) 組合員はどのような組織や活動に関わっているか

集落組織、部会組織中心に高い正組合員の組織参加

図14　正組合員のＪＡ利用状況（借入）

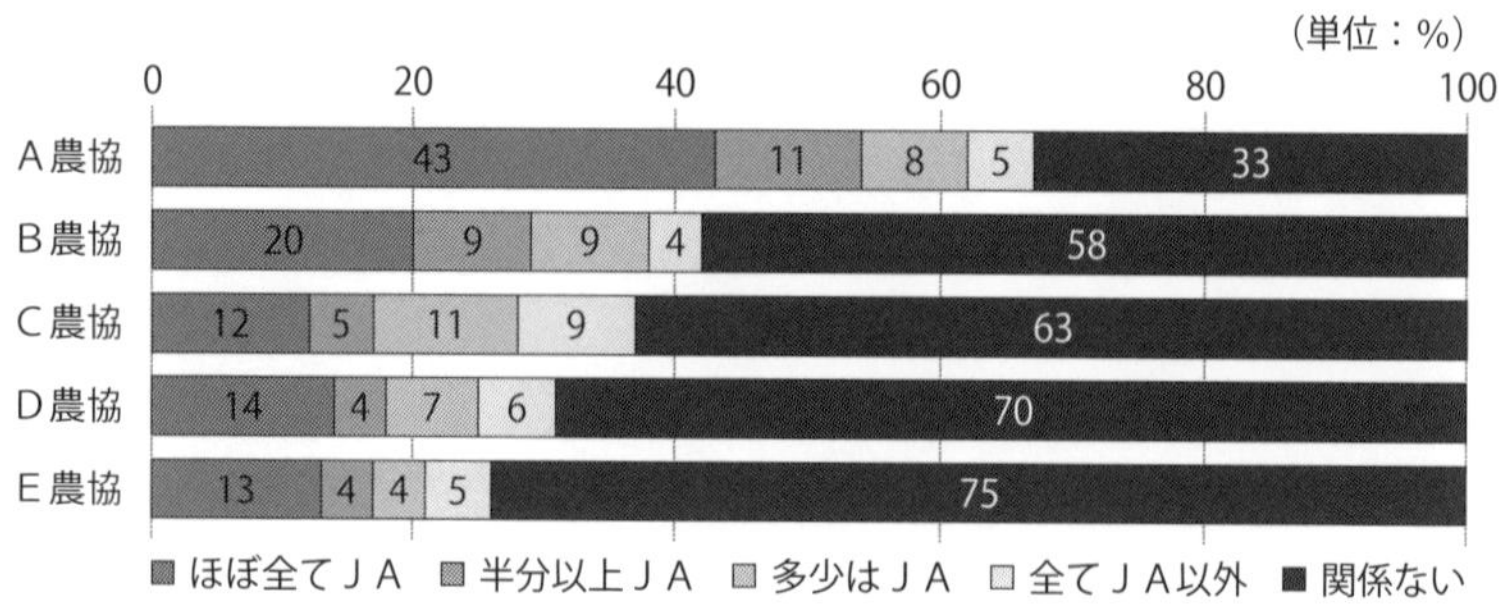

資料：図２に同じ。

図15　准組合員のＪＡ利用状況（借入）

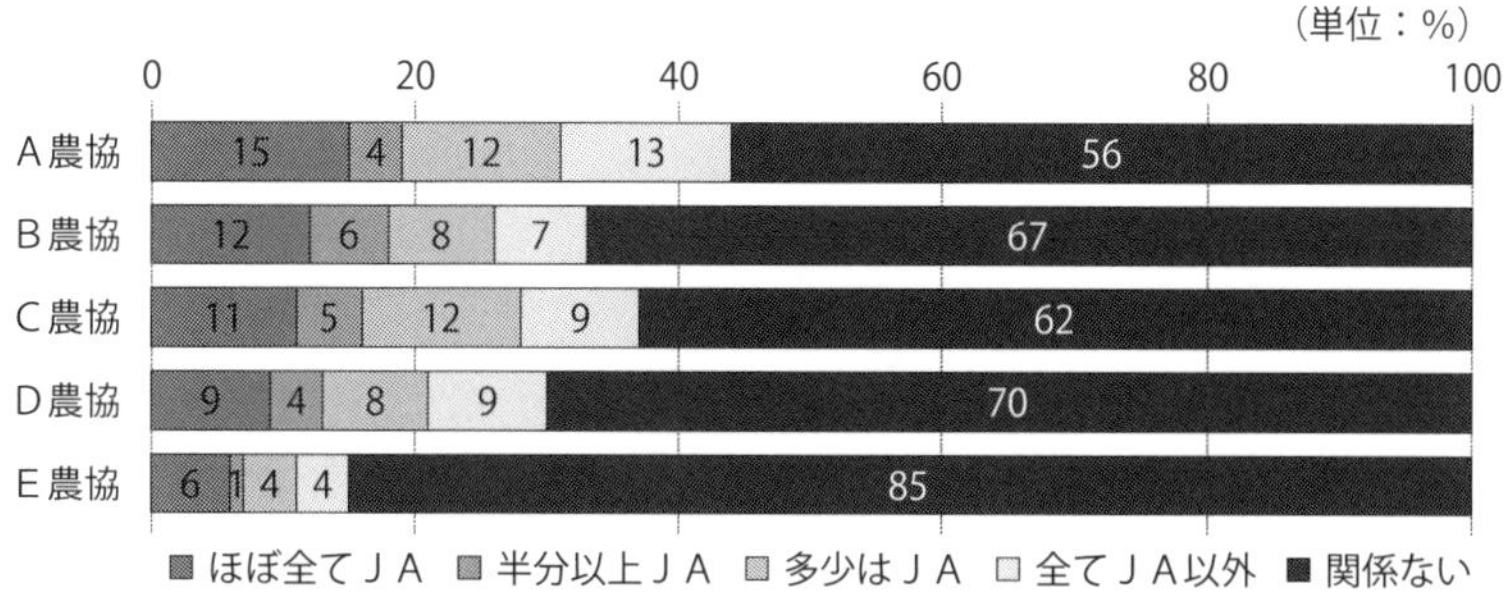

資料：図２に同じ。

図16　正組合員の本・支店来店頻度

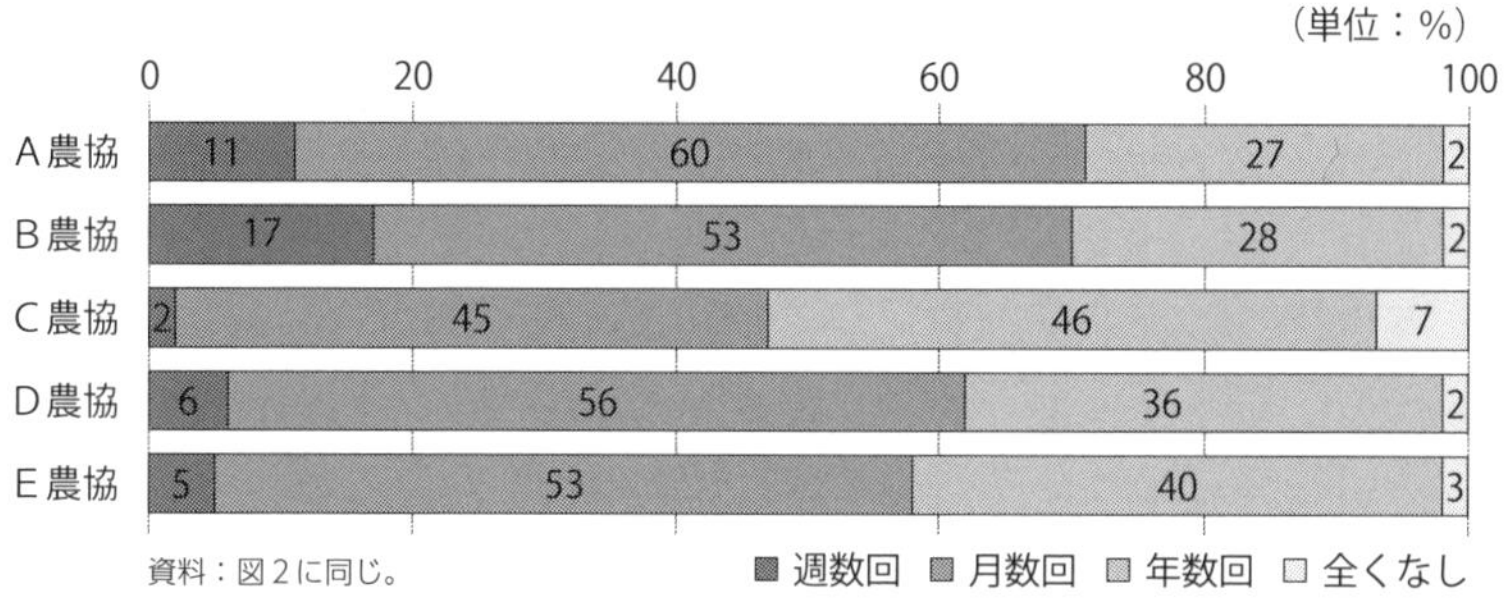

資料：図２に同じ。

図17　正組合員の営農センター来所頻度

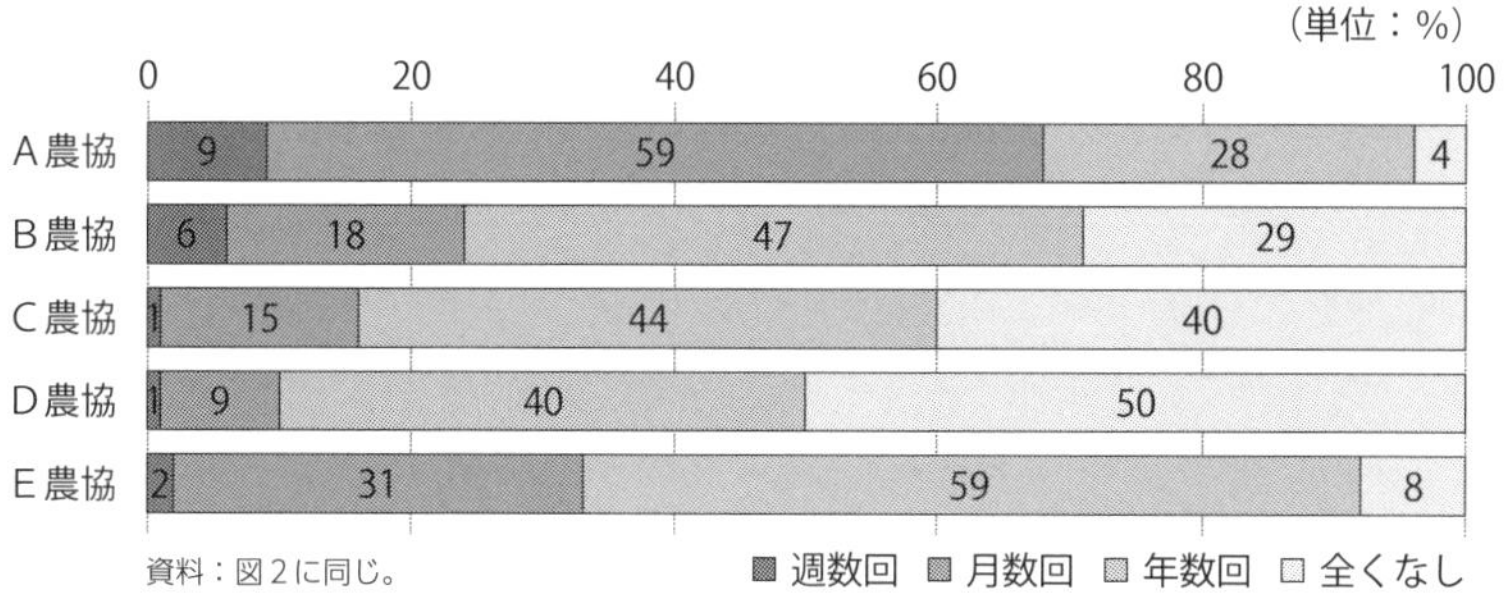

資料：図２に同じ。

組合員は、事業利用を通じてＪＡにつながっているだけでなく、各種の組合員組織に加入し、組合員組織の活動やＪＡが開催するイベントなどに参加している。こうしたつながりは他の企業にない、ＪＡに独特なつながりである。

まず、組合員組織への参加についてみてみよう。組織加入の有無をみると、正組合員の加入割合は総じて高い（**図18**）。その内訳をみると（**表1**）、最も多いのが集落組織である。ＪＡによって調査項目が若干異なるが、最も高いＡ農協で86％、都市部のＥ農協が84％と高く、Ｃ・Ｄ農協が４、５割程度である。また、Ａ農協では生産部会、青色申告部会への参加者が３分の２を占める。Ｂ農協でも生産部会への加入率は41％である。さらに年金友の会への加入者数も多く、Ｂ農協、Ｄ農協では回答者の４割を超えている。生産部会加入の有無を中心に、組織加入でのつながりはＪＡ間の差が大きい。

図示は省略するが、正組合員が組合員組織の役員を経験している割合は高い。いずれの農協でもほぼ半分以上の回答者が役員経験があると答えており、特にＡ農協では役員経験者比率は９割近い。組合員組織の役員経験も、ＪＡと組合員との重要なつながりといえるだろう。

きわめて低い准組合員の組織参加、年金友の会が貴重な組織的つながり

では准組合員はどうだろうか。准組合員の組合員組織加入率は低く、いずれの組織にも加入しない准組合員がいずれのＪＡでも過半を占めている。

図18　正組合員の組合員組織加入の有無

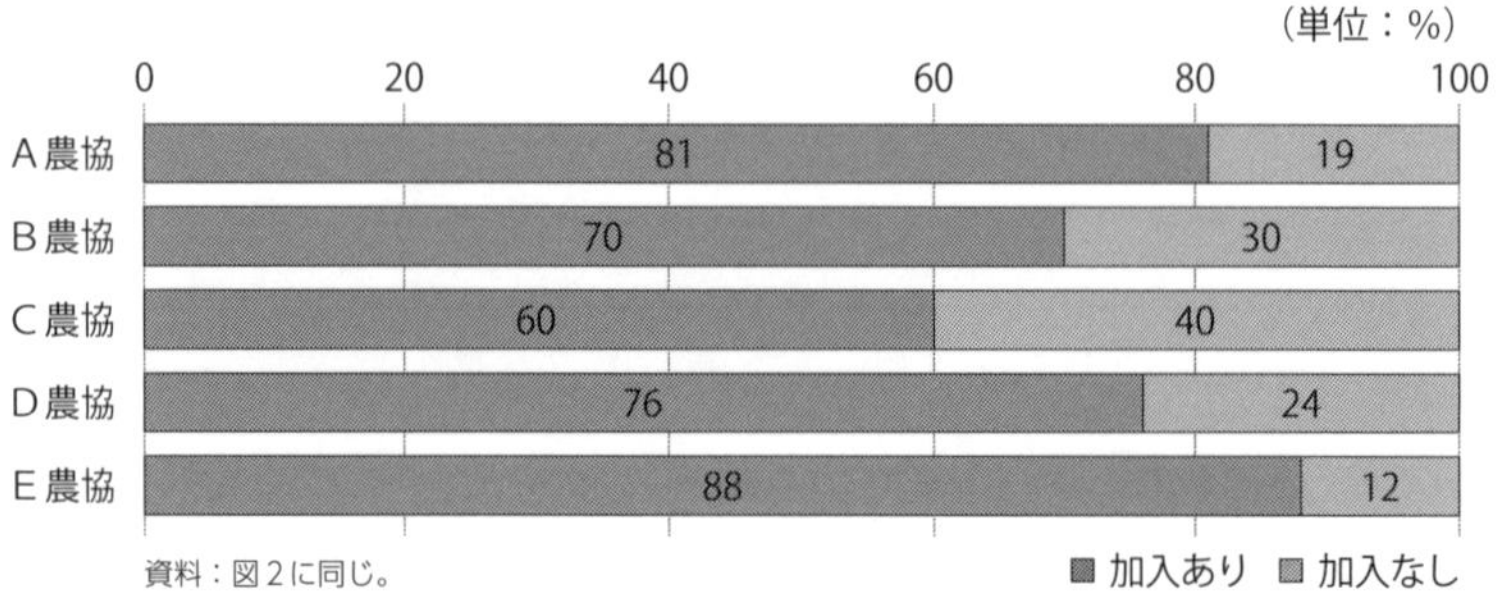

資料：図２に同じ。

残念ながら、准組合員はＪＡと組織的につながっていないといえるだろう。そのなかでも、准組合員の加入率が比較的高いのが年金友の会で、２～３割の加入がある。年金友の会はＪＡにとって貴重な准組合員との組織的つながりである（表２）。

正・准組合員間の差が小さいイベント、組合員活動への参加

続いて活動参加についてである。

まず、各種の会合に組合員はどの程度出席しているのだろうか。目を引くのはＡ農協の高さである。ＪＡの規模が小さいこともあるが、８割以上が総代になった経験を持ち、また支所支店等の会合に出席したことがある。その他のＪＡでは、総代会出席経験は４割前後、支所支店等の会合への参加経験も限定的である。また、Ｂ・Ｃ・Ｄ農協で

表１　正組合員の組合員組織への加入状況

（単位：％）

	Ａ農協	Ｂ農協	Ｃ農協	Ｄ農協	Ｅ農協
集落組織、農事組合など	86	－	40	50	84
青年部	6	2	0	－	2
女性部	8	6	2	2	4
年金友の会	－	42	30	44	－
生産部会	70	41	7	6	5
青色申告会	65	14	－	－	－
その他	6	－	0	7	20

資料：図２に同じ。注：回答者数を100とした各組織への加入状況を示す。

表２　准組合員の組合員組織への加入状況

（単位：％）

		Ａ農協	Ｂ農協	Ｃ農協	Ｄ農協	Ｅ農協
加入の有無	加入あり	15	32	37	42	12
	加入なし	85	68	63	58	88
加入組織	集落組織、農事組合等	9	－	15	12	8
	女性部	3	5	1	4	4
	年金友の会	－	26	21	28	－
	その他	5	5	7	5	1

資料：図２に同じ。注：回答者数を100とした各組織への加入状況を示す。

表３　正組合員の各種会合出席経験

（単位：％）

	Ａ農協	Ｂ農協	Ｃ農協	Ｄ農協	Ｅ農協
総代会	81	35	40	35	42
支所支店等の会合	91	42	11	25	32
集落組合の会合	73	24	40	52	63
なし	2	29	33	32	20

資料：図２に同じ。注：回答者数を100とした各種会合出席経験者の割合。

は出席経験がない者がほぼ3割以上を占めている。会合への出席にはJA間でかなりの差がありそうである（**表3**）。

表示はしなかったが、准組合員の会合出席率はきわめて低い。

次に、JAまつりなどのイベントや女性部活動、各種教室などの活動への参加状況をみてみよう。JAが行う各種のまつりへの参加率は全体的に高い。A農協では正・准組合員ともにほぼ8割以上が参加する。D・E農協では正組合員の過半が参加し、准組合員の参加も多い。支店や直売所のイベントも含むメンバーを限定しない「不特定多数型」イベントでは、正・准組合員が幅広く参加していることがうかがえる（**表4**）。

他方、女性部活動や各種教室など、メンバーが組合員組織加入者に限定される催しでは、正組合員の参加が中心のようである。ただ、D農協では准組合員の各種教室への参加率が目立って高い。また、年金友の会の旅行は准組合員も含めて参加している状況がわかる。こうしたイベントや組合員活動への参加状況の違いは、それぞれのJAの組合員政策的対応の結果であろう。活動参加については、JAが主体的に対応する余地が大きいのではないか。

⑷ JAと組合員のコミュニケーション——広報誌と意見伝達方法——

広報誌は貴重なコミュニケーションツール

次に、組合員とJAとの間のコミュニケーションについてである。最

表4　組合員のイベントなど活動参加状況

（単位：%）

	正組合員					准組合員				
	A農協	B農協	C農協	D農協	E農協	A農協	B農協	C農協	D農協	E農協
農業祭・産業祭	91	−	29	58	57	79	8	26	46	29
支店イベント	−	22	24	30	36	−	16	18	18	15
直売所イベント	36	−	21	27	26	26	−	25	23	14
観劇など	51	−	16	−	45	−	−	12	−	15
年金友の会（旅行など）	39	38	−	−	25	35	25	−	−	19
グラウンドゴルフなど	−	8	8	15	3	−	7	4	9	2
女性部活動	21	14	2	7	1	11	−	−	9	5
各種教室	16	−	1	14	−	−	−	−	15	−

資料：図2に同じ。注：回答者数を100とした各イベントへの参加経験者の割合を示す。

初に広報誌についてみる。正組合員の閲読状況は、「毎月読む」が6～8割で総じて高いといえる。准組合員でもE農協を除けばほぼ5割以上が毎月読んでいる（表5）。広報誌のコミュニケーションツールとしての重要性が改めて確認できたといえるだろう。

産地型ＪＡで機能する組織ルートと役員ルート。重要性を増す職員ルート

協同組合としての特性は、組合員の意見がその運営に反映される仕組みを持っていることである。ＪＡでも総代会などは組合員の意向を直接に反映する手段だが、実際に組合員の意見はどのようにしてＪＡに伝えられているのだろうか。

まず、伝えるべき意見を持っているかどうかである。調査結果によれば、正組合員で「意見あり」と答える者は2～4割。A、Bの産地型ＪＡでその割合が高い。そして、その内容はおもに「事業」や「活動」についてである。意見の有無は、組合員のＪＡへの関心や期待を反映しているといえそうである。准組合員は「意見あり」とする者の割合は低く、いずれも10％台である（表6）。

続いて、そうした意見をどのようにＪＡに伝えているかである（表7）。総代会などの運営機関はそのルートとして機能しているのだろうか。調査結果をみると、正組合員では「各種会合」「部会など組織」と答える者は産地型ＪＡで高い割合を占める。組合員とＪＡとを結ぶフォーマルな機関ルートが機能している状況を示しているだろう。また、「役員を通じて」とする者の割合はA農協およびE農協で高い。組合員代表としての役員ルートが意思反映に機能していることの証左だろう。

これに対して、A農協以外では職員ルートが主流である。このことは、准組合員ではより明確である。准組合員にとって、職員ルートは広報誌アンケートとともに最重要のコミュニケーション手段となっていることがわかる。

表5　組合員のＪＡ広報誌の閲読状況

（単位：％）

	正組合員					准組合員				
	Ａ農協	Ｂ農協	Ｃ農協	Ｄ農協	Ｅ農協	Ａ農協	Ｂ農協	Ｃ農協	Ｄ農協	Ｅ農協
毎月読む	79	77	63	68	84	65	48	61	49	38
時々読む	20	20	31	27	15	32	37	30	33	25
読まない	1	3	6	4	1	3	15	9	19	37

資料：図２に同じ。

表6　ＪＡへの意見の有無とその内容

（単位：％）

		正組合員					准組合員				
		Ａ農協	Ｂ農協	Ｃ農協	Ｄ農協	Ｅ農協	Ａ農協	Ｂ農協	Ｃ農協	Ｄ農協	Ｅ農協
意見の有無	意見あり	42	37	21	27	30	17	17	15	17	12
	意見なし	58	63	79	73	70	83	83	85	83	88
意見の内容	事業	28	19	13	13	16	9	6	6	6	4
	組合員組織	17	8	4	5	9	3	4	3	3	2
	活動	17	15	7	11	13	5	7	6	6	5
	農政	6	12	6	9	11	2	5	3	4	3
	その他	5	3	2	3	3	3	3	4	4	3

資料：図２に同じ。
注：「意見の内容」は、正・准別に回答者数を100としたときの各項目の指摘割合を示す。

表7　ＪＡに意見を伝える方法

（単位：％）

	正組合員					准組合員				
	Ａ農協	Ｂ農協	Ｃ農協	Ｄ農協	Ｅ農協	Ａ農協	Ｂ農協	Ｃ農協	Ｄ農協	Ｅ農協
各種会合	32	18	12	14	18	8	6	3	3	4
職員	26	33	37	40	36	29	29	28	32	33
役員	17	12	9	8	15	7	5	3	3	5
部会など組織	20	17	10	10	9	8	4	3	3	4
広報誌アンケート	−	9	12	11	8	−	19	18	16	17
メールなど	−	2	2	2	3	−	6	6	7	6
ルートなし	5	9	18	16	10	48	31	40	37	32

資料：図２に同じ。
注：正・准別に回答数を100としたときの各項目の指摘割合を示す。

(5) ＪＡへの評価――ＪＡへの意識的つながり――

総じて好感を持たれているが、必要度、帰属感でＪＡ間に格差

最後に、ＪＡに対する意識面でのつながりをみてみたい。アンケートは、「ＪＡについてどのように感じていますか」として、親しみや必要性、帰属感、役立ち感などを聞いた（**表8**）。まず、「親しみ」は正・准組合員を通じて得点が高く、総じて好評価とみてよい。また、「地域農業に役立っている」「くらしに役立っている」もほぼ同様の傾向である。地域に密着した組織としての親しみやすさと役立ち感はＪＡの優位性とみてよい。また、「自分にとって必要な組織」と感じる度合いは、Ａ・Ｂの産地型ＪＡの正組合員で顕著に高い。農業面でのＪＡへの依存度、あるいは地域農業におけるＪＡの重要性を反映したものであろう。

「ＪＡには仲間がいる」はＪＡへの帰属感や連帯性を聞くものだが、Ａ・Ｂ農協正組合員で高い。逆に、Ｃ・Ｄ農協で顕著に低い。「株式会社との違いがわかる」は一般企業との差異認識を問うものだが、これもＡ・Ｂ農協さらにＥ農協で高い。ＪＡをみずからの組織、一般企業と違う組織と認識する度合いは産地型ＪＡと都市型ＪＡ正組合員で高いことがわかる。

准組合員については、ＪＡ間の差異は相対的に小さい。それでもＪＡごとの平均値の違いをみると、Ａ・Ｂ農協で評価が高く、Ｅ農協がそれに続き、Ｃ・Ｄ農協が低いという順位は正組合員と同様である。正・准組合員の差をみると、Ａ農協、Ｅ農協でその差は大きく、Ｂ・Ｃ・Ｄ農協で小さ

表8　組合員のＪＡに対する意識

（単位：点）

	正組合員					准組合員					正・准組合員の差異（正－准）				
	A農協	B農協	C農協	D農協	E農協	A農協	B農協	C農協	D農協	E農協	A農協	B農協	C農協	D農協	E農協
親しみを感じる	4.3	4.2	3.6	4.0	4.3	3.8	4.1	3.5	3.8	4.0	0.5	0.2	0.1	0.2	0.3
自分に必要な組織	4.6	4.4	3.7	4.0	4.3	3.8	4.0	3.3	3.6	3.8	0.8	0.4	0.4	0.4	0.5
(株)との違いがわかる	4.0	3.7	3.3	3.5	3.7	3.3	3.3	3.0	3.0	3.1	0.6	0.3	0.4	0.5	0.7
ＪＡには仲間がいる	4.1	3.9	3.0	3.1	3.5	3.0	3.2	2.6	2.5	2.5	1.0	0.6	0.4	0.6	1.1
地域農業に役立っている	4.6	4.2	3.7	4.0	4.1	4.2	4.2	3.8	3.9	3.9	0.4	0.0	-0.1	0.1	0.2
くらしに役立っている	4.5	4.1	3.7	3.9	4.0	4.1	4.2	3.8	3.9	4.0	0.4	-0.1	-0.1	0.0	0.1
平均	4.4	4.1	3.5	3.8	4.0	3.7	3.8	3.3	3.4	3.5	0.6	0.3	0.2	0.3	0.5

資料：図２に同じ。
注１：そう思う＝5、どちらかといえば思う＝4、どちらとも＝3、どちらかといえば思わない＝2、思わない＝１として平均値を算出。
注２：網掛けは、項目ごとに数値が大きいＪＡ上位２位を示す。

い。正・准組合員の意識の差異は、産地型ＪＡと都市型ＪＡの両極で顕著である。

4．ＪＡのミッションと組合員政策

(1) ＪＡの多様性とＪＡのミッション

本節では、ＪＡの多様性と、ＪＡと組合員との多面的なつながりの実態分析を踏まえて、ＪＡの組合員政策に求められる点を確認しておきたい。

ＪＡのミッション設定と主要な組合員グループ

協同組合における組合員政策を考えるときに前提になるのが経営政策であり、その基本は、そもそもＪＡはなにをする組織なのかというＪＡの目標、あるいはミッションの設定である。ＪＡ全般の目的としては農業者の所得増大などの農業振興や地域社会づくりが挙げられることが多いが、実際にＪＡ経営を行うためには、それぞれのＪＡの特性に応じた自覚的なミッション設定が必要である。わがＪＡはなにを目標にするのかを内外に宣言することは、ＪＡの事業だけでなく組織を活性化するためにも不可欠である。

さてミッションだが、一般企業のミッションは、社会的な要請とその企業の持つ経営の特性を踏まえて企業みずからによって定義される。ＪＡの場合、協同組合であることからそのミッションは組合員の必要と期待によって方向づけられるところに特徴がある。しかし、ＪＡは「総合農協」であり、複数の事業を営み、性格の異なる組合員によって構成されている。その「総合性」ゆえに、ＪＡの目的があいまいになっているきらいがあるだろう。

そこでは、それぞれのＪＡを構成する「主要な組合員グループ」を明確にしたうえで、かれらのニーズや期待をもとにＪＡの基本的なミッションを設定することが妥当であろう。ここで主要な組合員グループというのは、マーケティング論などでいわれるような、年齢や性別などに基づく顧客セグメントではなく、もっと大括りのグループ設定である。例えば、農業で生計を立てる専業的農業者グループ、農業からの追加的所得を求める農家グループ、農業からの収入はそれほど期待しないが農地所有者として定住する元農家などのグループ、さらに農家ではないが地域の定住者でＪＡ事業を利用する者、など大括りの組合員のグループ化である。また、それはＪＡの組合員構成において質的、量的なウエイトを持つ者といってもよい。

前出**図2**では事例ＪＡの組合員構成を示したが、**図19**では、Ａ・Ｄ・Ｅ農協についてよりシンプルに、①農業に経済的に依存する組合員、②土地持ち非農家を含む販売なし農家組合員、③准組合員に分けて模式化してみた。

図19　事例ＪＡの組合員構成の模式図

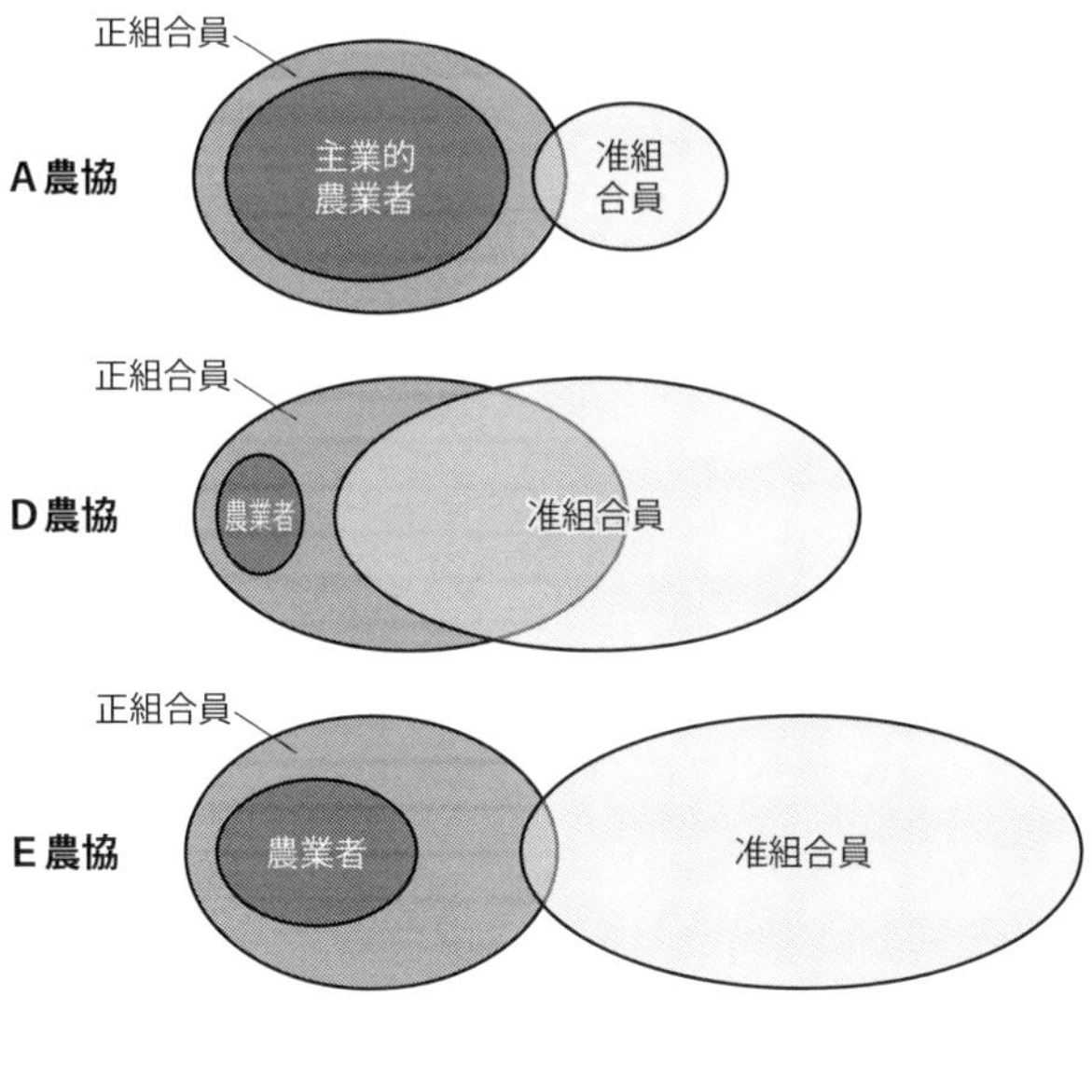

Ａ農協の場合、正組合員しかも主業的農業者のウエイトが高く、販売なし農家や准組合員のウエイトは、組織的にも事業的にも小さい。こうした場合、ＪＡのミッションは当然、主業的農業者の期待に沿ったものになるだろう。

Ｄ農協の場合、主業的農業者組合員は少数化しており、販売なし組合員と准組合員の量的ウエイトが大きい。また准組合員に占める農家ルーツ組合員のウエイトが高く、土地持ち非農家、元農家、農家ルーツ准組合員の同質性が推察される。そうした組合員グループも主要なそれとして設定することができるだろう。ただし、少数者化したとはいえ、管内水田のかなりの耕作を行う農業者組合員の質的重要性は明らかである。かれらも当然、主要な組合員グループとして設定すべきなことはいうまでもない。

これに対して、E農協の場合、農業を営む正組合員を一定程度擁し、販売なし農家も含めて正組合員としてのまとまりと農地所有者としての共通のニーズが存在するとみられる。そして、多数を占める非農家准組合員との差異が明確である。このような場合、JAのミッションのなかに准組合員のニーズをどう組み込むかが問われるところである。

(2) 組合員の期待とJAのミッション

以下では、ミッション設定に関連して、アンケートに表れた正・准組合員のJAへの期待を確認しておきたい[2]。正組合員については地域農業支援（地域農業振興、担い手経営支援、農地の保全など農業の支援）が共通して高いウエイトを占める。また、E農協では金融サービス（資産管理を含む身近で安心できる金融サービス）を挙げる者が多い。いずれの農協でも、准組合員では農産物供給（安心できる農産物、食料品提供）という消費者的期待が最も大きい。そして地域生活サポート（健康、福祉、介護を含む地域生活のサポート）といった生活者ニーズ、さらに金融サービスへの期待も高い（**表9**）。

正・准組合員差に着目すると、D農協では地域生活サポートへの期待において両者でほとんど差がない。先述のように正・准組合員の同質化傾向を反映す

表9　組合員がJAに期待する役割（複数回答）

（単位：%）

	正組合員					准組合員					正・准組合員の差異（正－准）				
	A農協	B農協	C農協	D農協	E農協	A農協	B農協	C農協	D農協	E農協	A農協	B農協	C農協	D農協	E農協
地域農業の支援	88	73	61	65	77	53	55	44	49	37	35	18	17	16	40
健康・福祉など生活サポート	37	34	26	46	30	48	43	36	48	44	-10	-10	-10	-2	-14
身近な金融サービス	46	32	36	43	52	47	37	43	43	55	-1	-6	-7	0	-3
安心できる農産物供給	48	52	36	48	43	66	71	57	66	66	-18	-20	-21	-19	-23
延回答数	219	190	158	201	202	213	207	179	206	202	6	-17	-21	-5	0
回答者数	100	100	100	100	100	100	100	100	100	100	―	―	―	―	―

資料：図2に同じ。
注：網掛けは、各項目について正・准を通じて上位2位のJAを示す。

るものとみられ、こうしたタイプのＪＡでは、地域生活領域でのミッション設定、宣言の必要が示唆される。

Ａ農協における主要な組合員グループは専業農家を中心とする農業者組合員であり、組合員政策の基本対象はそこにおかれるべきであろう。

Ｂ農協では、専業農家、兼業農家から成る農業者グループと、Ａコープおよび金融事業を利用する非農家准組合員の二つの異質なグループを想定することができるだろう。両者の差異を意識したミッション設定と組合員政策が期待される。

Ｃ農協では、農業に依存する組合員が減少しているが、農業と農地管理に関心を持つ農業者、農地所有者組合員の期待に応えながら、中山間地域の地域生活者としての（正・准）組合員の共通のニーズに応えるというミッション設定が求められるのではないか。

Ｄ農協では、専業的農業者グループが質的な重要性を持つが量的ウエイトは小さい。他方で、いわゆる土地持ち非農家や農家ルーツ准組合員など地域に根づいた地域生活サポートニーズを持つ組合員グループが量的重要性を持つ。いわゆる担い手組合員のニーズ、農地所有者としての幅広い正組合員、そして生活文化を含めたくらしのニーズを持つ元農家や農家ルーツの准組合員を想定してのミッション設定が期待されよう。

Ｅ農協では、農業者および農地所有者が正組合員として主要な組合員グループを形成している。それが主要な組合員グループであることはまちがいない。それとともに、量的にはその何倍もの准組合員を有する。かれらを単なる金融事業利用者として組合員政策の埒外《らちがい》におくのではなく、組合員としてどう位置づけ対応するかが課題であろう。

⑶　組合員政策

次に組合員政策のテーマと方法である。本稿では、組合員アンケートを用いてＪＡと組合員との「つながり」

について、①事業利用と事業利用上の接点、②ＪＡとの組織的なつながり、③活動参加を通じたつながり、④意識的なつながり、を検討してきた。ＪＡにおける具体的な組合員政策は、先述のＪＡのミッションに沿って、主要な組合員グループおよびＪＡが対応すべきテーマについて、ＪＡと組合員とのつながり強化を進めることである。

組合員とＪＡとのつながりのポイントを、改めて組合員政策の視点から整理すると、以下のようになるだろう。まず、「事業利用」である。協同組合にとって最も重要な内容であり、指標である。また具体的な目標数値として、ＪＡで意識されているものであり、実態も把握されやすい。しかし、事業利用は組合員とのつながりを表現するものだが、それはまた組合員政策の結果でもある。

次に支店や事業所などの「接点」である。事業拠点の配置、そこでの組合員との接触の状況は事業推進上重要である。ＪＡの経営政策のなかで支店や事業所の配置は事業利用に直結するために経営政策上の重要度も高い。それらが組合員との接触の機会としてどの程度の重要性を持っているのかを、来店度合いや来店動機など組合員視点で把握、分析してみる必要があると考える。

「活動参加」「組織加入」については、組合員がＪＡと組織的にどう結びついているか、大変重要な要素であるが、これまで、かならずしも意識的に計画され推進されることはなかったように思う。他の各章で明らかにされているように、活動参加や組織加入は事業利用と密接な関係を持っている。組合員との組織的なつながりをどう強めるかを計画の俎上《そじょう》に載せることが必要であろう。組合員政策の最要点といえる。

そのなかには、多数の組合員や地域住民を対象にした農業まつりやＪＡまつりといった不特定多数を対象にしたイベントもあれば、歌謡ショーのように事業利用者など特定多数を対象にした優待イベントもある。さらに、女性部のサークル活動や生活教室などの特定少数の集まりもある。これらを組み合わせて、組合員が集まる場を多様に用意して参加を呼びかけることが重要である。

また、組合員組織への恒常的な参加を呼びかけるべきであろう。正組合員を対象にした組織は地域組織から部会組織まで比較的手厚く存在している。しかし、准組合員が参加する組織はかぎられている。農業との関係が相対的に薄い組合員にどのようなテーマで、どのような形態で組織参加してもらえるかが重要な課題である。

続いて「意識」である。これはＪＡへの「理解」や「共感」と表現したほうがいいだろう。組合員のＪＡに対する意識は、事業利用や組織、活動参加のなかで醸成されている面もあるが、ＪＡの側から意識的に取り組む必要がある。一つは広報誌である。広報誌はＪＡの顔であり、そこで何をメッセージとして伝えるのか、組合員、利用者、さらには地域住民に対する共感づくりの手段と位置づけを充実させることが必要だろう。さらに、ＪＡとしてそのミッションを端的に伝えるスローガンやキャッチコピーなども、理解、共感づくりのツールとして工夫することがだいじだろう。

これら組合員政策の具体的内容は、他章の事例などを参考にしていただきたいが、必要なことはそれぞれのＪＡが組合員へのはたらきかけに関する基本方針と計画をつくり、それを組合員、役職員で共有できるようにすることであろう。

●おわりに

事業指向の内部組織から組合員指向の内部組織へ

最後に、ＪＡの多様化と組合員の分化を前提にしたＪＡの内部組織のあり方について述べておきたい。前節でＪＡのミッション、主要な組合員グループとその期待、事業政策を含む具体的な組合員政策という一連の流れを述べてきた。問題は、それを実行するためのＪＡの内部組織のあり方である。

広域合併を経過した多くのＪＡでは、事業本部制と担当常務制を敷く場合が多い。そして事業本部は、「総務・企画」「金融」「営農・経済」とすることが多い。こうした区分はそれぞれの事業特性に対応したものであり、どちらかといえば事業遂行上の必要に基づくものである。残念ながらそこには、前記の「JAのミッション」や「主要な組合員」とそれを意識した「組合員政策」というものはみえてこない。組合員指向がみえないのである。

そのために、金融事業本部は専門的な事業に特化した事業運営を指向しがちであり、組合員政策指向が弱い。一部のJAでは、組合員活動の担当が営農経済部に属している場合もある。しかし、分化した組合員の期待は営農経済にとどまるものではないので、組合員の期待を有効にJAの事業や組織に反映させることができていない。その結果、組合員政策は総務・企画の担当ということになるのだが、当該部門のリーダーシップや事業部門との連動性が弱い場合もあり、組合員とのつながり強化をJA全体で進めるうえで課題が多い。

ではどうしたらいいのか。農業者組合員と非農業者組合員（元農家や准組合員）という二つの主要組合員グループを抱える大規模JAにおける内部組織のあり方として、JA兵庫六甲が参考になる。(3) 同JAでは、「農業振興と環境保全」「くらしと文化の創造」の二つを「兵庫六甲のめざすもの」として掲げ、それに対応して営農とくらし、それぞれの事業本部を設置し、信用共済部門は後者のなかに位置づけてきた。つまり、事業特性で事業本部を分けているのではなく、組合員のニーズと課題によって内部組織を分けているのである。事業指向でない組合員指向、課題指向の内部組織構築といえるだろう。

営農、生活事業本部に求められるトータルな組合員政策とマネジメント

仮に、営農事業本部と（地域）生活事業本部をおく場合、そのなかには「事業」だけでなく、「組織」や「活動」を含むつながりのコーディネートもそれぞれの事業本部が担当するのが望ましいのではないか。対象組合員グループ―組合員グループが必要とする事業―そのために必要な組合員の組織化―組合員活動の活性化―JAからの意識的な発信、そうした一連の組合員政策をトータルにマネージすることが、各事業本部に期待されるのである。

例えば、「営農事業本部」は、農業に依存する農業者を主要な対象として、必要な事業―組織―活動―発信をトータルに進めていく。他方、支店協同活動や女性部活動も生活事業本部の管轄とするほうが、円滑に進むのではないだろうか。

こうした対応は、ＪＡ内の事業分離、縦割り強化ではないかとの懸念もあるかもしれない。しかしこれは「事業」を分離するものではなく、「組合員対応」を分化させるものである。そこではそれぞれの事業本部ごとに組合員のニーズを基本に協同組合的運営を強化することに特徴がある。さらにいえばそれは、ＪＡのガバナンスのあり方にも関わるものである。複数のミッション、複数の異質な主要組合員グループ、複数の主要事業を抱えるＪＡ、特に大規模ＪＡにおいては、異質な組合員の意思を適切に反映するためのガバナンスシステムの改革が求められるだろう。(4)

【注】

(1)　本章の分析は、他の章と同じくＪＡ全中が実施したＭＳアンケートに基づいている。ただし、統計処理の必要上データを独自に加工しており、他章の集計方式、結果と異なる部分もある。また、同アンケートは、原則として対象者を無作為に抽出することとしているが、ＪＡによって抽出方法には若干の差異があるようである。しかし、以下の分析では、サンプルの偏りについてはこれを考慮していない。今回のＭＳアンケート結果では北海道のＪＡが含まれていないが、北海道の多くのＪＡは産地型のＪＡのなかに位置づけられる。

(2)　２０１７年の農協法改正は、「農業所得の増大」を法律に書き込むことによって、農協のミッションを制度的に「農業」に限定した。しかし、ＪＡが協同組合であり事業体であることを考えると、制度的なミッションを直接的にＪＡの目的とすることは妥当でない。制度的制約の存在は認めたうえで、協同組合としてまた事業体としてのみずからのミッション設定と経営政策の明確化はぜひとも必要な課題である。

(3)　ＪＡ兵庫六甲の場合、事業別から課題別の内部組織構築を指向してきた。地域別に事業本部を三つ設置しているが、本部段階は「営農経済事業部」「資産管理事業部」「生活文化事業部」がおかれている。「生活文化事業部」には信用、共済部門が含まれているが、それを業務で括るのではなく、「生活文化」というテーマないし課題で括っているところが特徴である。

(4)　多様な組合員の参加によるガバナンス改革については、増田佳昭編著『ＪＡは誰のものか』、家の光協会、２０１３年を併せて参照いただきたい。

第4章

食と農を基軸とする組合員との「伝統的つながり」

——福島県JAふくしま未来伊達地区の取り組み——

●はじめに

ふくしま未来農業協同組合（以下、JAふくしま未来と略す）は、2016年3月の広域合併によって誕生した。本章で事例として扱う同JA伊達《だて》地区（旧JA伊達みらい）は、福島県の県北地方に位置する伊達市・桑折町・国見町の1市2町を管轄エリアとする。管内は県内屈指の園芸産地であり、モモ、キュウリ、あんぽ柿（燻蒸した干し柿）を主にさまざまな品目が生産されている。

MSアンケートの結果によると、伊達地区は意識点・行動点が正・准組合員ともに全国平均を上回っている項目が多いが、とりわけ行動面の「事業利用」「活動参加」「組合員組織加入」が男女ともに全国平均を大きく上回っている。

伊達地区における組合員とJAは、農事組合、生産部会、女性・青壮年部、年金友の会などJAにおける「伝統的つながり」を基盤としている。また伊達地区における地域農業の担い手は、生産者と一体化したJAそのものである。JA役職員は長年にわたり営農経済部門の重点化に心血を注ぎ、JA自身が地域農業の主体としてリスクと責任を負ってきた経緯がある。具体的には、磐石な営農指導体制やJA直営の農業経営法人などである。

伊達地区は、東日本大震災や台風など災害下でも期待以上の役割を発揮し、組合員や地域の信頼を得てきた。そして、それに呼応するように、組合員や地域とのつながりも、従来想定してきたものから広がった。例えばそれらは、大型直売所を拠点とするイベントや食農教育、地域貢献活動を担う団体への助成金、「みらいろ女子会」による地域を越えた交流など、多様なステークホルダーとの「新しいつながり」にみることができる。

以下では、ＪＡふくしま未来伊達地区におけるつながりの実態を、第一に地域とＪＡの概況および組合員動向とアクティブ・メンバーシップの特徴、第二に農業団体としての部会活動と営農指導体制、第三に地域金融機関としての渉外体制と訪問活動、最後に協同組合としての女性組織や年金友の会、直売所などを基点とする地域との結びつき、以上の４節に分けて確認したい。

1. 地域概況とアクティブ・メンバーシップの特徴

(1) 地域とＪＡの概況

伊達地区の管内は福島盆地の北部に位置し、北西部には半田山、東部には霊山《りょうぜん》など阿武隈山系の山々が連なっている。管内には、２０１１年の東日本大震災および東京電力福島第一原子力発電所事故により放射性物質が飛散した。伊達地区の中央には阿武隈川が流れ、流域に沿って平地が形づくられ農産物の作りやすい耕地となっている。最盛期には１３０億円を超える販売取扱高があった。12～17年度は70～95億円で推移し、現在は震災前に近い水準にまで回

図1　ＪＡふくしま未来伊達地区の管内

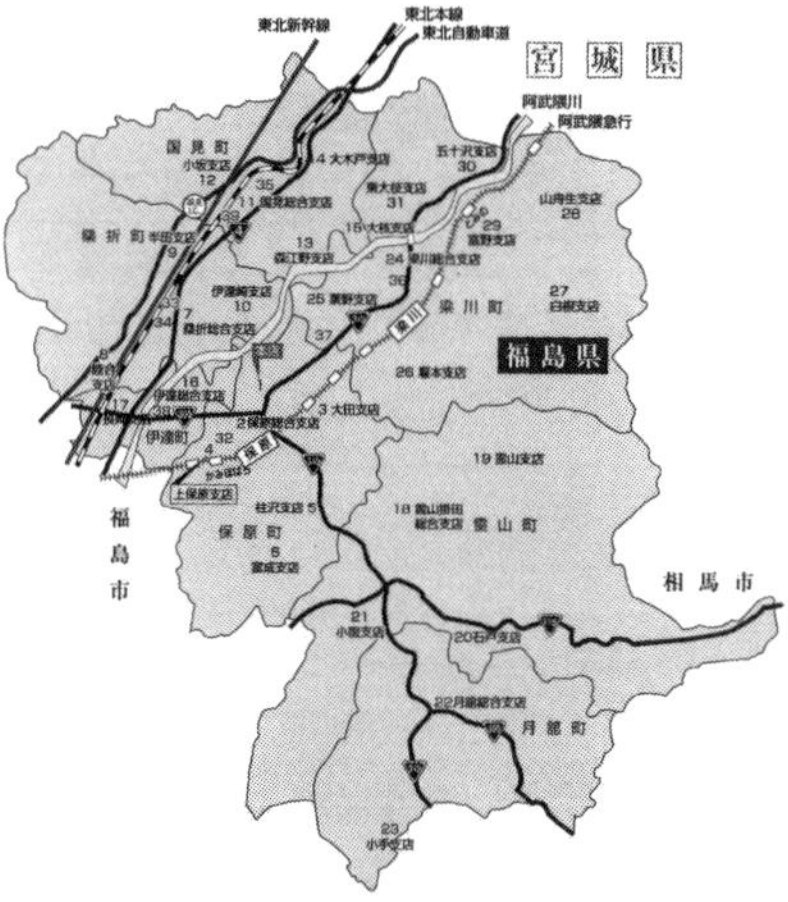

資料：旧ＪＡ伊達みらい『みらいレポート2007』より抜粋。

復している。19年に発災した台風19号では、阿武隈川が氾濫し管内は広範囲にわたり浸水した。ハウスや水田、果樹の冠水、リンゴ・ナシといった果実の落下などの農業被害のみならず、ＪＡが所有する施設も水没や浸水、停電、断水、土砂崩れなどによって休業を余儀なくされた。管内の被災総額は20年２月時点で20億円を超えると試算されている。

同じモモの産地といえど、新幹線の停車する福島駅を有し、複数の温泉地を管内に擁するＪＡふくしま未来福島地区（旧ＪＡ新ふくしま）に比較し、伊達地区は純農村から発展した地域である。伊達地区は生産者の生産力拡大に奮闘し、共選場における光センサーを導入するなどして産地形成を成し遂げ、系統出荷率を向上させてきた。また、福島地区のようにサクランボ、モモ、ナシ、ブドウ、リンゴと果樹のリレー出荷ができる気候的条件にないことから、あんぽ柿のような高単価の加工品の生産も継続し販路を拡大してきた。

表１　伊達地区における主要農産物の震災前と2018年の販売高

品目名	2018年	震災前
モモ	28億円	29億円
キュウリ	19億円	18億円
あんぽ柿	13億円	18億円
水稲	5億円	6.3億円
畜産	2億円	1.3億円

資料：ＪＡふくしま未来資料より。

伊達地区において18年１月現在の管内人口は８万２９１６人で、戸数は３万５９６戸である。19年現在、組合員数は３万４５２人でうち正組合員１万１１６７人、准組合員１万９２８５人となっている。管内におけるＪＡ組合員比率は36・７％となる。旧ＪＡ伊達みらいの正組合員資格要件は耕作面積10アール以上、農業従事日数90日以上であったが、18年６月にＪＡふくしま未来が定款変更を実施し、面積要件は廃止され、農業従事日数30日以上という条件に改定された。

ＪＡふくしま未来では、旧ＪＡを単位とする四つの地区本部を設置しており、伊達地区本部の18年現在の職員数は、正規職員３１４人、嘱託職員５人、准職員61人、臨時職員１３０人、計５１０人である。役員構成は理事35人、監事８人、計43人（常勤役員５人）である。委員会は、総務委員会、金融共済委員会、営農生活委員会がある。

伊達地区本部は４部17課あり、管内は四つのエリアに区分けされ、エリアを統括する統括部長が配置されている。支店数は30支店（南部７支店、西部９支店、東部６支店、北部８支店）、エリア単位にエリアを統括する基幹支店（総合支店）がある。町の大字単位に支店があり、支店統廃合は行わず、地域密着型の事業運営を行ってきた。これは、ＪＡふくしま未来全体（４地区）の支店数が66であることを念頭におけば、相当な数である。66のうち15店舗は配属される職員数が４人の小規模な店舗になるが、そのうち14店舗は伊達地区である。

合併以前は本店からの人的サポートを得られていたが、合併後のサポートは厳しい。合併の最大の課題として、どこが本所になるか、あるいは支所との距離（事業的、組織的）がどの程度にあるのかによって、組合員に著しい不利益を生じさせ、農協離れを誘因することが挙げられる。旧ＪＡ伊達みらいでは支所を残すという判断をすることでそれをできるかぎり克服し、組合員との「つながり」を保持してきた。それのみならず、合併以前までは管内に営農センター７か所、資材センター７か所、基幹サービスセンター２か所、サービスセンター５か所、給油所７か所の延べ58事業所があり、それらはすべて黒字で運営されてきた。

旧ＪＡ伊達みらいでは、07年～09年に正組合員の家族に准組合員への加入推進を目的とする「組合員３ヶ年１万人拡大運動」を実施し、９３６８人の准組合員が増加して正・准逆転が起きた。16年に合併し、前述の定款変更を行い、18年９月からの６か月間で正組合員家族の准組合員を対象に「正組合員拡大運動」を展開した。その結果、約１２

表２　伊達地区の組合員の動向

	2017年	2018年	2019年
正組合員（人）	10,407	10,219	11,167
准組合員（人）	20,358	20,424	19,285
合計（人）	30,765	30,643	30,452
出資金額（円）	15,854,317	15,932,804	16,318,255

資料：ＪＡふくしま未来資料より。

00件、准→正へ組合員資格が異動した。この運動はアクティブ・メンバーシップの確立に向けた自己改革推進の一環として、組合員全戸訪問活動と併せ実施した。伊達地区では准組合員利用規制の回避対策として、准組合員の正組合員化の取り組みを継続させる方針である。

(2) 全国平均との比較でみたアクティブ・メンバーシップの特徴

表3は伊達地区のＭＳアンケートの結果のうち、意識点と行動点を示したものである。[1] 数値が全国平均を上回っている箇所には薄い網掛けを、なかでも1点以上（意識の小計は3点以上、行動の小計は7点以上）上回っている箇所には濃い網掛けを施してある。

まず行動点・意識点とも全国平均を大きく上回ったのは正組合員の「担い手経営体」と「中核的担い手」であり、とりわけ両者の行動点は50点超と高得点である。また、准組合員についても行動面の「活動参加」で男女ともほとんどの世代で群を抜いている。准組合員の男性75歳以上と女性50歳以上では、「活動参加」以外の行動点も高く、アンケートの実施時期に鑑みて、かれらは組合員との「対話」などを掲げて現在進行している自己改革以前から、ＪＡの支援者であったことが推測される。

全国平均を下回った箇所が多かったのは、正・准とも意識面の「理解」と行動面の「意思反映」である。「担い手経営体」では「意思反映」が「中核的担い手」を下回る状況にある。今般の農協改革を意識すれば、この層に対する組織的対応が急務と考えられる。また意識点のうち「親しみ」は正組合員が准組合員を下回る結果となっている。その要因を特定するのは難しいが、ＪＡ合併の影響も少なからずあると想定される。

一方、正・准組合員の男性49歳以下は比較的に低位な結果となっており、この世代に向けては正・准ともになんらかの手立てを講じる必要があるといえよう。ＭＳアンケートでは正組合員の農業後継者について「まだわからない」「農業を継ぐ見込みの者はいない」と答えた者が73%にもおよんでいるという結果と併せ、農業

表３　正・准別、性別・年齢別にみた意識点・行動点

			回答数（人）	意識				行動							
				親しみ	必要性	理解	小計	事業利用 営農	事業利用 信共	事業利用 生活	活動参加	組織加入	意思反映	運営参画	小計
正組合員	全体		496	6.3	6.8	4.7	17.8	4.3	5.4	3.7	6.2	5.7	3.8	5.4	34.6
正組合員	農業類型	担い手経営体	21	7.5	9.3	5.7	22.5	7.5	7.9	5.6	7.4	7.4	6.4	8.1	50.4
正組合員	農業類型	中核的担い手	80	7.9	8.1	5.4	21.4	7.4	7.5	5.2	7.9	8.1	7.3	8.1	51.5
正組合員	農業類型	多様な担い手（販売あり）	180	6.6	7.2	5.5	19.4	5.8	5.5	3.9	6.4	6.5	4.6	6.1	38.9
正組合員	農業類型	多様な担い手（販売なし）	162	5.7	6.1	4.0	15.8	1.8	4.4	3.1	5.7	4.5	2.0	4.1	25.5
正組合員	性別・年齢別	男性49歳以下	21	5.5	6.7	3.9	16.1	3.3	4.1	2.1	2.6	3.8	2.1	3.3	21.4
正組合員	性別・年齢別	男性50～64歳	141	6.9	7.4	5.5	19.8	4.0	5.7	3.4	5.9	4.1	2.7	3.8	29.5
正組合員	性別・年齢別	男性65～74歳	146	6.6	7.3	5.1	19.0	5.2	6.0	4.1	6.3	6.9	5.0	6.9	40.5
正組合員	性別・年齢別	男性75歳以上	104	5.8	6.5	4.0	16.3	4.5	4.9	4.1	6.7	7.0	5.4	7.3	39.9
正組合員	性別・年齢別	女性49歳以下	3	9.2	9.2	5.0	23.3	6.3	8.5	5.0	10.0	3.3	0.0	3.3	36.5
正組合員	性別・年齢別	女性50～64歳	23	7.2	7.4	6.0	20.5	3.1	5.1	3.7	7.4	5.4	2.4	2.2	29.3
正組合員	性別・年齢別	女性65～74歳	29	6.1	6.1	3.5	15.8	4.4	5.2	4.1	7.9	6.7	2.8	4.8	35.9
正組合員	性別・年齢別	女性75歳以上	496	4.8	4.7	3.8	13.3	3.1	4.2	2.9	5.9	4.5	2.6	4.5	27.6
准組合員	全体		702	6.8	6.5	4.3	17.6	1.5	4.6	3.4	6.5	2.5	1.0	1.7	21.1
准組合員	性別・年齢別	男性49歳以下	103	6.6	6.7	4.3	17.6	1.1	4.8	3.1	5.0	0.5	0.3	0.2	15.1
准組合員	性別・年齢別	男性50～64歳	98	7.2	6.9	5.3	19.4	1.4	4.7	3.2	6.3	1.5	0.9	1.5	19.4
准組合員	性別・年齢別	男性65～74歳	77	7.0	6.3	4.9	18.1	1.4	4.2	3.2	6.5	2.5	0.5	0.9	19.2
准組合員	性別・年齢別	男性75歳以上	60	6.8	5.5	3.1	15.4	2.0	4.0	3.3	6.2	3.7	2.1	3.2	24.4
准組合員	性別・年齢別	女性49歳以下	87	7.0	6.6	4.4	18.0	0.6	5.0	3.1	6.3	0.3	0.1	0.0	15.3
准組合員	性別・年齢別	女性50～64歳	109	7.3	7.0	4.8	19.1	2.1	5.2	4.1	7.3	3.0	1.4	2.3	25.4
准組合員	性別・年齢別	女性65～74歳	109	6.7	6.4	4.1	17.2	1.7	4.6	3.9	7.3	4.4	1.2	2.4	25.6
准組合員	性別・年齢別	女性75歳以上	59	5.6	5.9	2.9	14.5	1.9	4.2	2.4	6.9	5.2	1.6	3.4	25.7

資料：ＪＡふくしま未来伊達地区のデータは同ＪＡ実施のＭＳアンケート、全国データは全中データ（第２章で用いた113ＪＡ）。
注１：農業類型の４区分の定義は第１章の図２を参照。
注２：表側の属性や類型を特定できなかった人は表記から割愛。

を基軸とする農協運営を心がけてきた伊達地区にとっては、アイデンティティーを揺るがしかねない結果といえよう。世代交代をにらんだ承継対策の強化が期待される。

次に、表出はしないが、アンケート項目のなかからおもだったものを取り上げる。「ＪＡに最も期待している役割」では、正組合員は地域農業支援、准組合員は安心できる農産物供給であり、いずれも高い値を示している(2)。ＪＡへの評価としては、「ＪＡは地域農業の役に立っている」「ＪＡは地域のくらしの役に立っている」に対し「そう思う」と回答した割合が高い。組織活動が元気な支店は業績もよい傾向や、旺盛な活動参加と組合員組織加入が活発な事業利用に結びついているといえる結果

も析出された。

組合員組織については、正組合員全体のうち「農事組合」「年金友の会」など組合員組織への参加率は８割と非常に高く、担い手は「各種生産部会」にも結集していることが判明した。これは伊達地区の最大の特徴といえよう。

(3) 農事組合による意思反映

総代会以外の意思反映にかかる主要な場として、ＪＡ事業全般における組合員からの質問・意見・要望の集約を目的に設置されているのが事業座談会である。毎年４月中旬、ＪＡの常勤役員、地区本部部長、支店長、営農センター長らと農事組合長、総代、協力組織の代表者らを参集し、事業実績報告、事業計画、農業振興支援事業などの説明を行っている。そこで出された質問・意見・要望は職員によって取りまとめられ、ＪＡ側の企画会議・理事会の場で協議・検討・報告がなされ、事業へ反映されたり、広報誌によって組合員へフィードバックされたりする。

組合員の意思を反映するうえで基礎となる組織は農事

表４　伊達地区における農事組合の概要（2016年現在）

項　目 ＼ 地区名		伊達地区（正組合員戸数　8,967戸　准組合員戸数　8,624戸）
① 名称		農事組合
② 組織数		484組織
③ 組織属性		ＪＡ固有だが、集落により自治組織と併用
④ 構成員		正・准組合員
⑤ 平均戸数		36.3戸（正18.5戸、准17.8戸）
⑥ 組織体系	支店	支店農事組合長会（支店単位で30組織）
	総合支店	農事組合連絡協議会（4組織）
	伊達地区本部	伊達地区本部農事組合長会
⑦ おもな活動内容	総会	有
	研修会など	集落によって有
	その他	エリア単位での研修会、懇親会などを行っている。
⑧ 運営助成	H28助成金額	22,212,321円【内訳：手当20,140,662円　活動費用2,071,659円】
	助成基準	農事組合長手当　正戸@900円、准戸@500円 班長手当　正戸@700円、准戸@400円 活動費１戸当たり300円

資料：ＪＡふくしま未来資料より。

組合である。農事組合は、ＪＡからの情報伝達、ＪＡへの意思反映の機能を担っており、伊達地区における最も重要な基礎組織である。農事組合は、２０１６年現在４８４組織あり正組合員８９６７戸、准組合員８６２４戸が参加している。農協組織でありながら、集落によって自治組織を兼ねているところもある。１農事組合当たりの平均参加戸数は36・３戸である。その他、詳細は**表4**を参考いただきたい。農事組合の方針や役割は、①民主的運営の基礎（組合員のＪＡ事業参画、総代・役員候補者選出の基礎組織、集落座談会などの開催による意思反映）、②情報伝達（ＪＡ事業、各種指導会、各種イベントなどの案内）、③事業推進（農産物の出荷、農業生産資材などの予約、とりまとめ）などがある。

2. 組合員主体の生産部会とそれを支える営農指導体制

(1) 生産部会

伊達地区においては正組合員1万１１６７人のうち61％に当たる６８３７人が生産部会の構成員となっている。結集力が高いのみならず、自主運営の性格も強い。例えば選果場は、品目横断による共選場運営委員会を設置し、独自に場長を雇用している。自主的に運営することで、組合員の経営努力が利用料金に反映される仕組みが構築される。利益の還元などメリットが実感できることで、ＪＡへのコミットメントが増し、結果的に結集力強化へとつながっている。それぞれの地区内では作目ごとに19の部会がある。おもな活動内容は、①生産体系（施肥、防除基準、安全・安心の取り組み）、出荷基準などの設定、部会として注文のとりまとめ、②共選場運営方針などの決定（施設利用料金賦課方針、施設整備計画の要請など）、③指導会、出荷協議会、荷受け機関との販売対策（消費宣伝事業）などの実施、④先進地視察、研修などの実施による栽培技術導入、⑤部員間の親睦、交流促進（特に女性の集いなどの開催）などが挙げられる。生産部会は３段階あり、最小単位となる生産部会の上に、地区単位での農業振興方策の策定と推進を決める地区生産部会、さらにその上に伊達地区全体の農業振興方策を策定し決定する生産部委員会がある。

生産部会活動の基本原則は、生産部会加入は原則任意加入であり、部会運営は自主運営を基本とし部会員からの会費ならびに販売額に応じた活動助成金（販売額の０・５％）で運営することである。また、部会による生産資材などのとりまとめの場合、実績に応じた奨励措置も行っている。これら部会原則は、出資・運営・参画という協同組合の基本を表しており、ロッチデール公正先駆者組合の創設期から原則として受け継がれてきた加入脱退の自由、経済的参加、利用高比例割戻などとも一致する。このことから、同ＪＡの生産部会はじつに協同組合的な組織であり、その前提にある組合員の主体的参加が経済的にも協同組合性を担保するうえでも重要であるといえよう。

生産部会活動が活性化することは、多様な効果をもたらす。まずは、約80％という高い系統利用率が確保されることで販売額が維持・拡大し、生産者の農業所得が増大した。生産から販売まで一貫し意思決定を生産部会に委ねることで、出荷施設経費の利用者負担原則が踏襲された。ＪＡは農業関連事業が黒字化し、施設整備要望に伴う生産者負担への理解促進に結びついた。部会員が相互に営農技術の研鑽・親睦・交流をすることで農産物の質的向上が産地全体で図られ、地域ブランドの価値と信頼が高まった。ほかにも、生産・出荷資材の共同購入によるコストダウンと、ＪＡ購買実績の向上（81億円）などが成果としてみられた。生産部会が主体的に生産から販売まで関わることは、組合員、ＪＡという売り手のみならず、流通・消費者という買い手にも、そして地域社会全体への貢献ともなっている。

(2) 大きな営農部門

分散集約型といわれる当該地区の営農関連事業部門は、大きく伊達地区本部営農経済部と支店の営農センター（７店舗）・資材センター（７店舗）の三つに分かれる。詳細は図2のとおりである。都市部のＪＡに比較し、多様なセクションが営農経済部下にある。

伊達地区の営農指導体制の最大の特徴は、営農指導員の数が他の地区本部に比較して多いことである。２０１８年現在、ＪＡふくしま未来全体での営農指導員数が１３７人であり、うち40人が伊達地区に所属している。豊富な営農指導員を質量ともに絶やさぬよう育成の場が設けられていること、営農指導員による階層別の出向く活動が充実していること、農業塾をはじめとする技術学習の機会においてＪＡが事務局としてサポートできるよう体制を整備していることなども、伊達地区の特色であり、ＪＡふくしま未来として合併後は、ほかの地区本部でもおおいに参考にしている点である。では、次項から具体的活動をみることとする。

⑶ 営農巡回強化制度

伊達地区は２００２年から「出向く営農指導体制強化」に取り組んできた。重点訪問農家の選定、訪問内容の計数化による「訪問活動の見える化」を進めることで、確実な訪問活動の実践と担い手の育成、農業経営基盤の強化ならびに地域農業の振興に向けた重要な役割を担う制度として、これを位置づけてきた。16年に合併後は「営農指導員・ＴＡＣの訪問活動の強化制度」として改称し、継承されている。営農指導員の巡回により組合員と接する機会を恒常的に保ち、コミュニケーションを図ることで、事業推進上の課題を浸透させたり、組合員意向を恒常的に吸収したりすることを可能としている。当制度の具体的な業務内容は、①信頼関係強化と農家所得アップへの貢献、②産地維持拡大に向けた取り組み、③営農情報・営農技術の提供と安全・安心の取り組み強化（生産履歴管理・農薬安全使用ＩＳＯ９００１）、④農業資材、農薬など情報提供と農業生産資材の恒常推進（営農指導員個々に生産資材取り組み目標設定）、⑤農産物の系統出荷率向上（系統外出荷者への訪問による系統出荷誘導）である。毎月の訪問件数は１００戸以上が目安となり、内訳はモデル農家５戸、

図２　ＪＡふくしま未来伊達地区の営農部門

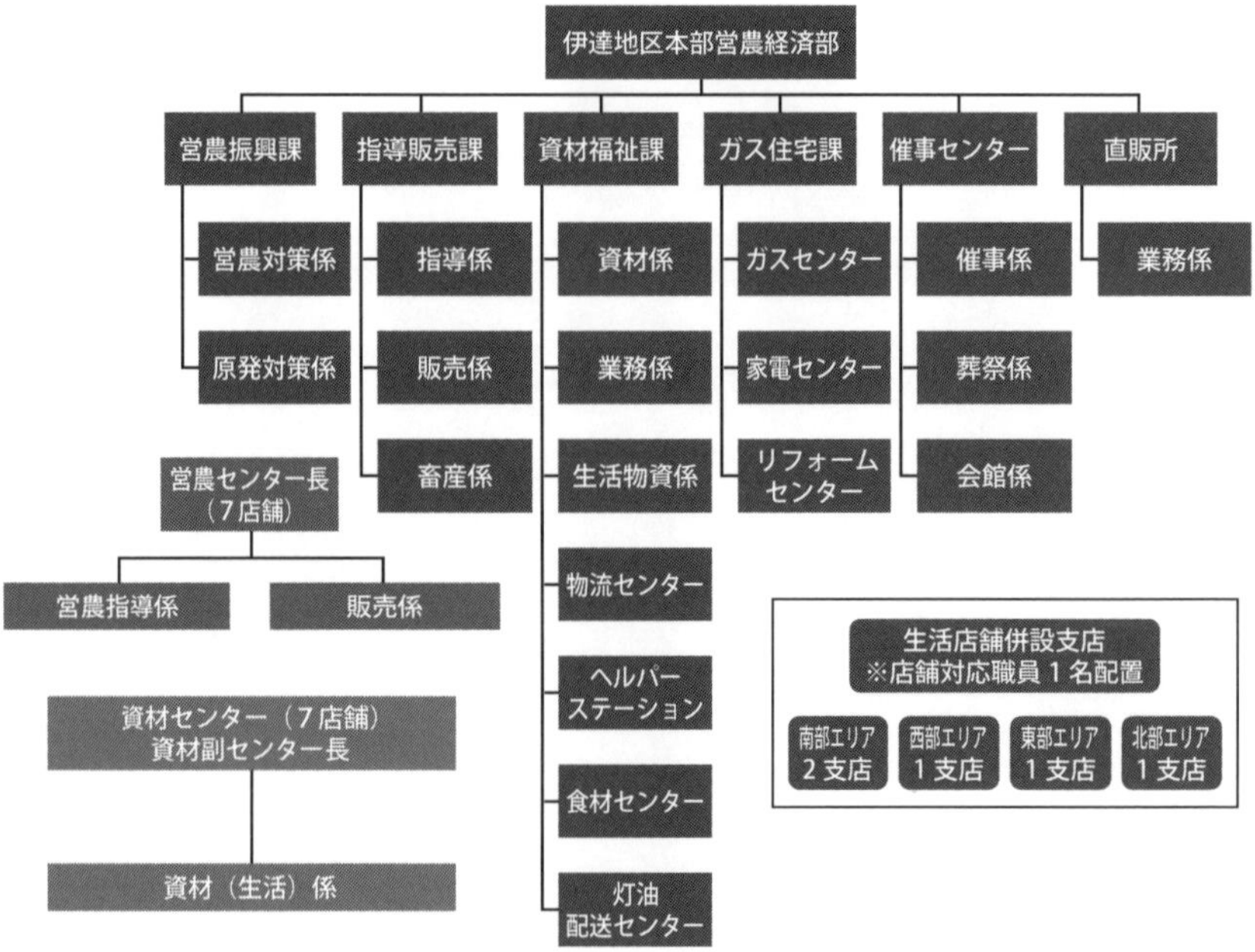

資料：ＪＡふくしま未来の資料をもとに筆者作成。

写真1　営農巡回の様子

資料：ＪＡふくしま未来より。

営農巡回農家20戸、一般巡回農家75戸となっている。「モデル農家」は所得アッププラン年間改善計画を作成し、改善進捗管理を行っている農家、「営農巡回農家」は所得アップ指導目標を立て、着実な営農指導実践管理を行っている農家、と類型している。訪問内容ならびに巡回件数は、毎月集約し、理事会などに報告されるようになっている。職員が農家を巡回した頻度や、それによって農家所得の向上した場合の営農改善の内容、生産資材の利用向上につながったという実績、販売系統出荷率の向上などが数値化、把握される。管理者はその業績を考慮して、成績優秀な指導員に対して褒賞を与えている。

ＪＡふくしま未来では機構再編のさい、このように組合員の自宅や圃場に出向き、寄り添う営農経済事業に重きをおくことで、ボトムアップ型の運営体制を構築している。当制度によって伊達地区においては、①「安全・安心」な農産物提供と市場評価の確立、②農家所得アップへの貢献、③販売額１００億超の産地維持と拡大（震災前実績）、④訪問内容の「見える化」による実績評価とモチベーション向上、⑤営農指導員資質向上（みずから学ぶ意識）などが一定程度図られたというのが、ＪＡから当制度への評価である。営農部門でありながらデータの集積や重点農家の選定、課題の見える化など徹底した定数・定量管理を実施し、褒賞制度も整備されている点などは、職員のモチベーションの維持・向上に直結している。それのみならず、地域の基幹産業の振興者として、旧ＪＡ伊達みらいが農業振興にどれほどの比重をおいてきたかが、同制度から感じられる。

(4) 営農指導員養成教室

巡回による指導は、営農指導員としての一定程度の技術・知識を前提に実施可能な制度である。営農指導員として独り立ちするうえで「基礎講座」に位置するのが「営農指導員養成教室」である。営農指導員の現場において、農業者のニーズに対応できる知識や技術を身につけることは最も重要であるが、営農技術指導は経験や実務が必要である。さらに、営農経営指導においては労務管理、税務などの知識も身につけておくことが必要である。そのため、営農指導員として最低限の知識と技術を習得するために開催されたのがこの教室である。

参加者は、①35歳以下の営農指導員、②経験年数3年未満の営農指導員、③志願する者（①②以外の営農指導員、担い手渉外担当者、営農関係職員）である。内容は、肥料・農薬・土壌ならびに生産資材の基礎知識、主要品目の基本的な栽培技術管理、農業経営管理、現地見学などである。講師は、行政諸機関（農林事務所の農業振興普及部や普及所、農業総合センターおよび果樹研究所、畜産研究所、農業短期大学校）、福島大学、JA（県中央会、全農県本部、組合長、専務、営農担当常務など）のほか、優良農業生産法人、優良個別経営体の経営者などである。

(5) 作物別営農技術員「農の達人」

本制度は、JAいわて花巻における地域の中核農家を指導役「農の匠《たくみ》」として委嘱する制度を参考に考案されたものである。「農の達人」は、農業構造が大きく変化するなかで、農業者の所得向上を最大の目的としている。長年の経験と豊富な知識・技術を有する地域の中核農家を、作物別営農技術員「農の達人」として委嘱し、実践的な指導・支援をすることで、JA営農指導員への助言など指導補助による営農指導体制の強化を図ることとしている。

選定要件は、①各地区の基幹作物および振興作物を対象とする、②地域の中核農家として組織生産販売活動に貢献できる者、③生産組織から推薦された者、④地区本部を越えて指導支援のできる者、⑤JA事業活動に協力的な者の五つとされる。活動内容は、年間をとおした生産活動における重点的な指導事項を中心とした技術指導・支援、指導員同行による集団指導や新規生産者などへの現場指導・支援、そのほか目的の実現に向けた助言・指導・援助である。農薬・肥料・農業資材はJAの営農指導員が指導するよう棲み分けている。委嘱は代表理事組合長が行い、任期は3年で再選もある。事務局は指導販売課に置き、統括は営農経済担当部長が行う。全体の管理は農業振興課が各地区本部や営農センターと連携・協調しながら運営する。「農の達人」への日当は半日２万円とし、活動回数は年間10回以内とする。伊達地区の営農指導体制や技術は４地区のなかで最も優れたものであると考えられるが、広域合併を果たしたことにより、今後は営農指導員の伊達地区以外への人事異動や「農の達人」の他地区への派遣などをとおし、伊達地区の営農技術・知識がＪＡふくしま未来全体へ広がることが予想される。

3. 地域金融機関として――総合事業を守る渉外体制と訪問活動

⑴ 渉外活動

営農部門の施策を拡充させてきた伊達地区であるが、金融部門においても常勤役員のトップマネジメントのもと、厳格な管理を行ってきた。伊達地区は、旧農協法第８条の「組合は、その行う事業によってその組合員及び会員のために最大の奉仕をすることを目的とし、営利を目的としてその事業を行つてはならない」という考えを遵守すべく、「組合員、利用者の方々の生命・財産を守ること」を理念に掲げ、役員の徹底管理のもと、健全経営を目指し、農業同様に金融事業の守護者である渉外体制の充実にも力を注いできた。渉外部門の基本的な考え方は、日ごろから「組合員、地域の皆さんによい商品の提供と最高のサービスを提供する」である。役員や管理者は「給料は組合員の皆さんからいただいている」という心得を職員に説いてきた。

渉外体制は伊達地区本部推進課にＬＡ（共済渉外）トレーナー、ＭＡ（金融渉外）トレーナー、窓口トレーナーを複数名配置。統括支店にＬＡ36名を配置、各支店にＭＡ43名を配置している。エリア統括部長はＬＡを統括し、各支店長はＬＡとＭＡを管理している。これによりＬＡ、ＭＡ、窓口のみで年間目標を達成する体制づくりを目指し運営している。「ＣＳ（顧客満足）＝ＥＳ（職員満足）＝ＭＳ（経営満足）」をスローガンに「目標は通過点であり、達成は当たり前！」という旗印のもと、組合員への加入促進と併せ、出資者への高配当も実施してきた。２０１１～14年度の出資配当は７％にも上った。店舗実績表や日報（ＬＡ、ＭＡ、窓口）は毎日作成し、それによって、職員間の情報共有と目標に対する過不足を可視化している。また、ＰＤＣＡサイクル表の作成によってプロセスを管理し、課題や対応策を明確化している。目標達成に向けたおもな進捗管理の手法としては、まずは毎月２回の月例検討会を開催している。月初は前月の振り返りと当月目標達成のための行動計画の協議、月中は進捗状況に応じた目標・行動計画の修正・協議を行っている。未達成者へは、指導のみならず、メンタルサポートのためのトレーナー同行も行っている。渉外実績は賞与などに反映されるため、モチベーションの維持、向上に結びついている。

当該地区が他に比較して優れている点は、課題に対し徹底的に向き合う姿勢であろう。「課題を明確にし総力を挙げて達成する、人材育成や褒賞など必要な策は講じる」という基本は、営農指導でみてきたものと同じだ。役員が職員に明示する「農協職員の事務は組合員の皆さんから委託されている」という言葉にも、協同組合らしさが表れている。

当該地区の役職員は、組合員からの期待に金融部門でも十分応えることが安定経営に結びつき、農業振興にも還元されるという総合事業の強みを最大限に理解し、実践へと移している。推進は決してやさしいものではないし、厳格な目標達成が離職に直結することは全国的な課題でもあろう。しかし、ＪＡ職員のマインドの根幹に、ＪＡの総合事業の理解や組合員とのパートナーシップによる地域振興という考えが常備されていることは、職員の個々の課題を克服し次に跳躍できるか否かにおおいに関わることだ。

(2) 一斉訪問

伊達地区では、毎月第３土曜日に組合員訪問を実施してきた。目的は「組合員とよりよい関係を築くため集落担当の職員が組合員宅を訪問しコミュニケーションを図り、さまざまな意見や要望をいただくことで地域の声を事業運営に反映させ、組合員に必要とされる、地域に根ざしたＪＡとなる」ことだ。活動内容は広報誌『みらいテイスト』をはじめ、ＪＡからの案内・チラシなどの配布と各種推進である。訪問先は、支店管内の正・准すべての組合員および必要と認めたＪA事業利用者である。伊達地区以外の３地区は原則として正組合員のみを訪問対象としていることと比較すると、組合員訪問活動に対する伊達地区の熱意が感じられる。

体制は正職員・嘱託職員・准職員も含む全職員である。要員は地区本部で定め、担当集落は支店長が定める。訪問後は報告書を記載し、支店長に提出する。支店長は、組合員からの意見・要望・苦情などがあった場合、伊達地区本部に速やかに報告することが定められている。ＪＡふくしま未来全体の課題としては、准組合員対策が求められているなか、准組合員宅を訪問しているのは全体（４地区）のうち伊達地区のみであることだ。このためＪＡからの情報が准組合員の多くには届いておらず、准組合員の声を反映させる施策が求められている。また、訪問日に合わせ各部門から案内・チラシなどが集中するため準備に時間がかかり、その結果、組合員とのコミュニケーションを図ることより、配布することが目的となっている印象は否めないので、職員の意識改革も必要に迫られている。

４．協同組合として――地域やくらしとのつながり

⑴　多彩な女性組織

くらしの活動を担当する部署は、伊達地区本部の営農部資材福祉課生活物資係に１人、資材センターに資材（生活）係７人、そして、各支店の金融窓口担当者が女性部支部の事務局として勤務している。女性部は２０１５年現在、伊達地区本部、七つの総合支部、31支部に２２８４人が所属している。活動方針は仲間づくりと

次世代リーダーの育成である。そのために、部員の加入促進、世代間交流や魅力的かつ充実した活動を心がけている。なかでも重点実施事項として、①組織強化活動・JA運営への参画、②健康管理活動増進活動、③生活文化活動、④食と農を基軸とした活動の促進を掲げて取り組んでいる。

組織強化活動・JA運営への参画は、女性部リーダー育成のための研修会の開催やJAまつり・資材フェアへの積極的な参加に注力している。リーダー研修会の事例としては、リンパマッサージ教室や柏もち作りを、フレッシュミズ部会では県中職員を講師に全国事例の学習会や農産物をモチーフにしたブローチ作り、JAまつりや資材フェアでの玉こんにゃくの出店などがある。

生活文化活動としては、家の光大会・生活文化活動発表大会の実施がある。相互交流および生活文化発表会の場において、記事活用体験発表、記事活用作品コンクール、文化活動発表、各種講演会など、伝統的でオーソドックスな家の光協会の推進する女性部活動を誠実に重ねてきた。また、伝承料理教室、着物（浴衣）パーティー、バレーボール大会、運動会、著名な外部講師による切り絵教室、吊るし雛教室、福島市主催のわらじ祭りへの参加などは地区を越えて行っており、カルチャー教室などの少ない伊達地区管内においても、JAふくしま未来全体のネットワークによって非常に高い水準の外部講師を招くことが可能となったり、料理や手芸など他地区との異文化交流がされたりするなど、合併が有利に働き、活動に広がりが出始めている。

また、合併後にJAふくしま未来が地域農業の振興を目的とした農業女子の新たなつながりの場として「みらいろ女子会」が創設された。みらいろ女子会は、関心がある者であれば基本的にはだれでも参加が可能である。JAが開設した会員制交流サイトを活用し相互に情報を交換することで、イベント企画・6次化商品開発などに関わる新規プロジェクトの立ち上げを行ってきた。他のJA女性大学で行われているような文化講座もあるが、背景に農業の魅力のみならず女性の消費者・生活者の視点で「地元農産物の安全・安心」を域外まで幅広く発信していこうという点は、放射性物質汚染による実害と風評被害を経験した農協の女性ならではの強《レジ》靭性《リエンス》が感じられる。

みらいろ女子会による産消提携も進んでいる。福岡県のエフコープ生協とは17年の「国際協同組合デー」にＪＡふくしま未来が友好協力協定を結んだ。同生協は協定の締結直後に九州北部豪雨によって被災し、ＪＡふくしま未来からは東日本大震災後のモモやリンゴの共同購入の斡旋である「ふくしま応援隊」事業や、ＪＡふくしま未来（福島地区）の土壌スクリーニング・プロジェクトの恩返しとして、スコップや塩飴などの支援物資の提供も行うなど、自然災害を経験した協同組合の女性同士の交流が続いている。協同組合間協同の絆は深まり、これまで福岡県へ視察研修に赴いたり、福岡産のユズと福島産のリンゴによる「未来彩《みらいろ》」ジャムを製造・販売したりしてきた。

(2) 地域交流の拠点としての直売所

２００９年に誕生した伊達地区の直売所「みらい百彩館んめ～べ」は、伊達地区本部のみならず、ＪＡふくしま未来全体の旗艦店の役割を果たす直売所といえよう。広大な敷地面積と充実した農産物・加工品・お惣菜、カフェスペースなどにより、当該店舗では毎月さまざまなイベントが開催されており、地域内外問わず多様な消費者・生産者・ＪＡ役職員が交流する地域の結節点となっている。10年度より、拡大運動で増加した組合員とのふれあいや絆づくり、「みらい百彩館んめ～べ」の開設1周年記念／ＪＡ伊達みらい合併15周年記念組合員の集いを兼ねて「みらいフェスタ」が開催されて以後、継続して実施されている。内容は地場農産物や野外屋台コーナー、太鼓演奏、お笑いライブ、大抽選会などである。

原発事故以来、来店客の低調は否めず、品揃えでも苦労する事態となった。販売面ではモモなど贈答用農産物の落ち込みが顕著であった。この苦境をカバーすべく、アイデアを出し合い毎週のようにさまざまなイベントを開催し、誘客を図るとともに、品揃えでは「ファーマーズマーケット戦略研究会」の会員ＪＡなどとのＪ

A間連携により充実を図った。その結果、11年度には売上高は約3・6億円まで早々に挽回した。

(3) 地域くらし活動支援事業

JAふくしま未来では、ICA第7原則「地域社会への貢献」を具現化したような制度として「地域くらし活動支援事業」を設け、地域活性化に資する活動への助成を行ってきた。毎年、総額500万円を予算に計上し、1団体上限10万円までを基準に交付している。支援対象団体は、JA組合員・地域住民が構成員となって地域のイメージアップ・活性化に取り組むグループ・団体などで、企画部地域支援課が担当している。対象となる活動は**表5**のとおりである。

(4) 年金友の会

伊達地区の年金友の会（年金受給口座をJAに指定している組合員の組織）の会員数も同地区の大きな特徴の一つである。年金受給占有率が45％超と、他の地区と比較して高く、JAの地域にお

表5　地域くらし活動支援事業の対象となる活動分野

地域活性化にかかる活動を行う団体	・地域の見守り活動 ・地域振興・地域交流活性化に関する活動 ・子育て相談支援に関する活動 ・婚活イベントに関する活動 ・地域再生復興に関する活動　など
農業振興にかかる活動を行う団体	・農業体験活動 ・食農教育などの活動 ・特産品の普及活動 ・地元特産品を利用し6次化商品の開発に関する活動 ・地産地消に関する活動　など
伝統、芸能、文化にかかる活動を行う団体	・地域の伝統文化を維持・継承・発展する活動 ・地域文化振興に関する活動（発表会・講習会）　など
健康増進・管理にかかる活動を行う団体	・健康管理を啓発する活動 ・健康増進に関する活動　など
介護、福祉、生活・自立支援にかかる活動を行う団体	・高齢者世帯を支援する活動 ・老人ホームなど施設への慰問活動 ・障害者支援に関する活動 ・介護予防に関する活動 ・地域高齢者の交流を図る活動 ・若者の就労体験支援に関する活動　など
環境保全にかかる活動を行う団体	・沿道の花壇整備・設置活動 ・河川敷の清掃活動　など
その他	上記以外でJAが認める活動

資料：JAふくしま未来資料をもとに筆者作成。

けるプレゼンスを表している。毎年、死亡する会員も多いが、合併以前に、年間１３００件前後の新規獲得を目標に掲げていた実績もあり、会員数は順調に増加傾向にある。しかし、今後は厳しい金融情勢が長期化するなかで、予算減少による活動の衰退や会員減少も予想され、活動の充実や会員数の維持・拡大対策が大きな課題となっている。

図３　ＪＡふくしま未来における年金友の会の活動

- 年金友の会 伊達地区本部
  - 本部役員会（年１～２回）
  - 支部長交流集会
  - 組合長杯グラウンドゴルフ大会
  - 組合長杯ゲートボール大会
- 地域部会（７地域）
  - 地域部会役員会（年２～３回）
  - 地域部会長杯グラウンドゴルフ大会
  - 年金友の会の集い（JA祭）
  - 地域部会役員研修
- 支部（30支店）
  - 支部総会
  - 支部役員会（年２～３回）
  - 年金受給者紹介運動
  - グラウンドゴルフ大会
  - 秋の研修旅行
  - 健康増進活動

資料：ＪＡふくしま未来資料をもとに筆者作成。

写真２　2019年度に地域くらし活動支援事業に採用となった「ちゃばたけおとこ会」

農福連携を目指し、障がい者とともに黒豆づくりで地域活性化に貢献。
資料：ＪＡふくしま未来より。

おわりに

本章では、農業を主要産業とする伊達地区において、ＪＡが伝統的に展開してきた施策を、農業生産、金融渉外、くらし・地域貢献活動などの側面から確認した。伊達地区の人々は、管内の自然的条件と人文・社会的条件を受け入れながら、知恵と工夫で克服できるところは克服し、今日まで「伝統的つながり」を組合員と役職員が一体となってつくり上げてきたのだ。それは、支店数の多さに、出向く営農体制に、渉外の管理体制に、直売所でのイベントに、女性部のふれあい活動に、農事組合による事業座談会に、見つけることができた。とりわけ大きな営農部門や徹底した渉外体制において職員が出向くことに重点をおいていることからは、組合員施策と事業が両立することをかれらが確信しているように感じられる。

目新しさを希求せず、農業や地域や人々の課題に誠実に対応し続けることは容易なことではないし、周囲から脚光を浴びることも少ないだろう。伊達地区の組合員や地域住民はＪＡは「あって当たり前の存在」と思っているにちがいない。しかし、ひるがえって地域にとってＪＡが「なくてはならない存在」となっていることが、ＭＳアンケートの正・准問わず組合員の行動点の高さに現れているのだろう。

また、ＪＡふくしま未来として広域合併を果たしてからの４年間は、協同組合間協同や地域社会への貢献、国連「国際協同組合デー」や「持続可能な開発目標（ＳＤＧｓ）」に呼応する取り組みなど、協同組合と地域が「新しいつながり」の創出へ前進した期間でもある。非農業的な取り組みが増え「農協らしさ」に明確な答えを用意しなければならなくなった昨今であるが、そんな時代だからこそ、農業にしっかりと軸足を置いた施策を講じたい。

最後に、ＪＡふくしま未来が農協らしさを発揮した最新の事例を紹介したい。ＪＡふくしま未来は、２０２０年４月、新型コロナウイルスの感染拡大防止策の影響で困窮した福島大学の学生５５０人に対し、１・１トン（２kg／人）の県産コシヒカリを寄贈した。貧困や飢餓という人類の根本的課題に直面したことのほとんどない学生や地域住民にとって、農業生産を基盤とするＪＡという組織の存在は、強力に印象に残っただろう。同学教員は、アンケートによって学生の困窮状態を把握するや否や、ＪＡの役員に対し支援を要請したという。ＪＡと大学が連携協定を結び、日ごろから交流を深めてきたことが奏功したとＪＡ職員は評価した。今後は援農や共選場における労働力支援など新設した同学食農学類を中心に、さらに学生の経済的支援を拡充させる方針だ。

伝統的な組合員との結びつきを強化しつつ、ＪＡの新たな価値を地域社会に発信する。いずれをも両立させることが、今後のＪＡに求められるのであろう。

【注】

(1)　意識点と行動点の点数化の方法は第2章を参照。なお、第2章では、意識点として連帯感も含めているが、本章では割愛。一方、第2章では行動点の対象としていない運営参画を本章では含めている。運営参画の点数は、理事・総代や各種組合員組織の役員の経験度合いを表している。

(2)　このほかの選択肢には、健康・福祉など生活サポート、身近な金融サービスがある。

【参考文献】

(Ⅰ)　増田佳昭「農協の多面的性格と農協の進路」増田佳昭編著『制度環境の変化と農協の未来像』、昭和堂、２０１９年
(Ⅱ)　増田佳昭「農協の総合事業性を考える―農業団体の変遷と農業指導を中心に―　（特集　協同組合の総合事業性を問う―農林漁業の構造変化と経済事業の組織・事業基盤―）」『にじ』（協同組合経営研究誌）、№６７０、２０１９年、24～39頁
(Ⅲ)　渡部喜智「ＪＡ伊達みらいの地域農業への支援対応―福島県ＪＡ系統機関の原発被害への取組みレポート―」２０１２年、農林中金総合研究所
(Ⅳ)　小山良太「特別研究奨励報告　地域結合型営農システムの形成と農協組織・事業再編に関する研究――ＪＡ伊達みらいにおける地域結合型組合員対策」『にじ』（協同組合経営研究誌）、№６３４、２０１１年、１３３～１４５頁
(Ⅴ)　小山良太「福島県農業の現段階と農協組織の戦略課題（その２）ＪＡ伊達みらいにおける営農経済・組織対策」『地域と農業』、72、２００９年、49～64頁

第5章

都市的地域における多様なつながりづくりと准組合員の参画

――兵庫県JA兵庫南の取り組み――

●はじめに

JAグループの組合員数において正・准の逆転が生じてから10年以上が経過した。この間も、准組合員数は一貫して増加を続けている。それぞれのJAが、准組合員の位置づけを明確化するとともに、准組合員とのつながりづくりに取り組むことが求められている。このことは、准組合員比率が高い都市的地域のJAにおいて特に焦眉《しょうび》の課題となっている。

本章では、都市的地域のJAにおける組合員とのつながり強化、特に准組合員とのつながりづくりの先駆的な取り組みを行う、兵庫南農業協同組合（以下、「JA兵庫南」）の事例を取り上げる。分析においては、必要に応じて、同JAにおける組合員へのMSアンケート調査の結果を使用する。(1)

大都市近郊に位置する同JAでは、准組合員の急速な増加をはじめ、女性組合員の増加や正組合員の世代交代などにより、組合員の多様化が進んでいた。このことに加えて、支店統廃合を進めたこともあり、組合員とJAとの距離が離れつつあったことから、近年、組合員とのつながりづくりに本格的に取り組んでいる。なかでも、急増した准組合員とのつながりづくりとJAへの意思反映・運営参画は重要な課題であり、その対策として2013年度から「JA利用者懇談会」を実施している。

本章の構成は次のとおりである。まず、１．でＪＡと地域の状況を概観し、２．で同ＪＡにおける組合員の状況を整理する。次に３．では、同ＪＡにおける組合員とのつながりづくりの基本方針と全体像について検討を行う。続いて４．では、同ＪＡにおける准組合員の参画の先駆的取り組みである「ＪＡ利用者懇談会」について、取り組みの実態を整理し、ＭＳアンケート調査結果や懇談会委員ＯＧへのヒアリング結果から、取り組みの効果を検証する。以上を踏まえ、おわりにでは本章のまとめとして、同ＪＡの組合員対応の特徴とポイントと考えられる点を整理する。

１．ＪＡと地域の概況

(1) ＪＡの概況(2)

ＪＡ兵庫南は、１９９９年4月に旧7ＪＡの合併によって設立された。エリアは兵庫県明石市（魚住町以西の区域）・加古川市（南部の5町を除く区域）・高砂市・稲美町・播磨町の３市2町である。このうち明石市および加古川市については、農村部はおおむね同ＪＡのエリアに含まれる。

組合員数は正組合員1万４１３９人、准組合員4万５７９４人、役員数は34人（うち常勤５人）、職員数は８１４人（うち正職員４６６人）である。各事業の取扱高は、貯金残高６１３０億円、貸出金残高１４６１億円、長期共済保有高９６８６億円、購買供給高15億円、販売品取扱高37億円である。販売品取扱高の内訳は、米８・７億円、麦・豆・穀類１・６億円、野菜２・８億円、果実０・５億円、畜産物５・３億円、直売所18・1億円であり、直売所が約半分を占めている。管内の特産品にはメロン、トマト、キャベツなどがあり、近年はスイートコーンの生産振興に取り組んでいる。

(2) 地域の概況

同ＪＡのエリアは、南北に約10㎞、東西に約20㎞と比較的コンパクトで、端から端まで車で30分以内で移動可能である。管内はおおまかにみて、北部が農村地域、南部が都市的地域となっている。管内の人口は36万４２４８人、世帯数は14万４７８３戸である。人口に占める同ＪＡ組合員数の割合は16・5％となっている。

管内は、東側が神戸市、西側が姫路市に面し、南部の臨海地域には多くの工場が立地しており、南部を中心にベッドタウン化が進行してきた。現在、管内の明石市は中核市、加古川市は施行時特例市に指定されている。ただ、管内人口はすでにピークを過ぎており、少なくとも２０００年以降については減少傾向で推移している。

農林水産省「農林水産関係市町村別統計」（２０１８年）によれば、３市２町の耕地面積に占める田の割合は96％である。北部の農村地域では、集落や地区を単位とする営農組織の組織化が進むとともに、大規模な稲作農家も現れており、結果として土地持ち非農家が増加しているとみられる。

2. 組合員の状況

(1) 組合員数の増加と正・准比率の変化

図１に示したように、同ＪＡの組合員数は、合併が行われた１９９９年度に３万１５４０人であったのが、２０００年代後半から急激に増加していき、２０１８年度には１９９９年度の約2倍の５万９９３３人となっている。

このような組合員数の増加は、もっぱら准組合員数の増加によるものである。同ＪＡでは、２０００年代後半以降に加入促進活動を精力的に展開したことで准組合員数が急増し、現在は１９９９年度の約3倍の４万５７９４人となっている。対して、正組合員数は同期間に１０２５人の減少となっている。(3)

その結果、正・准のバランスも大きく変化しており、准組合員比率は１９９９年の51・９％から２０１０年には３分の２を超え、２０１８年には76・４％と４分の３を超える状況となっている。

(2) 正組合員の状況

農林水産省「２０１５年農林業センサス」から、２０１５年における管内３市２町の総農家数７０４４戸の農業との関わりをみると、専業農家は８１４戸（総農家に占める割合は11・６％）、第１種兼業農家は１２９戸（同１・８％）、第２種兼業農家は１９９９戸（同28・４％）、自給的農家は４１０２戸（同58・２％）である。自給的農家が６割近くを占めており、これに２兼農家を合わせると86・６％となっている。同ＪＡにおける正組合員の農業との関わりの状況も、これに近いものと考えられる。

(3) 准組合員の状況

次に、同ＪＡにおけるＭＳアンケート調査結果から、准組合員の状況をみてみよう。農業との関わりでは、准組合員の回答者のうち実家が農家であると回答したのは９・４％、農家だったが今は農業をしていないと回答したのは13・１％で、両者を合計した農家出身者（もと農家含む）は２割強であり、まったくの非農家出身者が８割弱と大部分を占めている。現在の農産物栽培の有無については、栽培ありが28・１％、栽培なしが67・２％であり、３割弱の准組合員がなんらかの

図１　ＪＡ兵庫南の組合員数の推移（1999～2018年度）

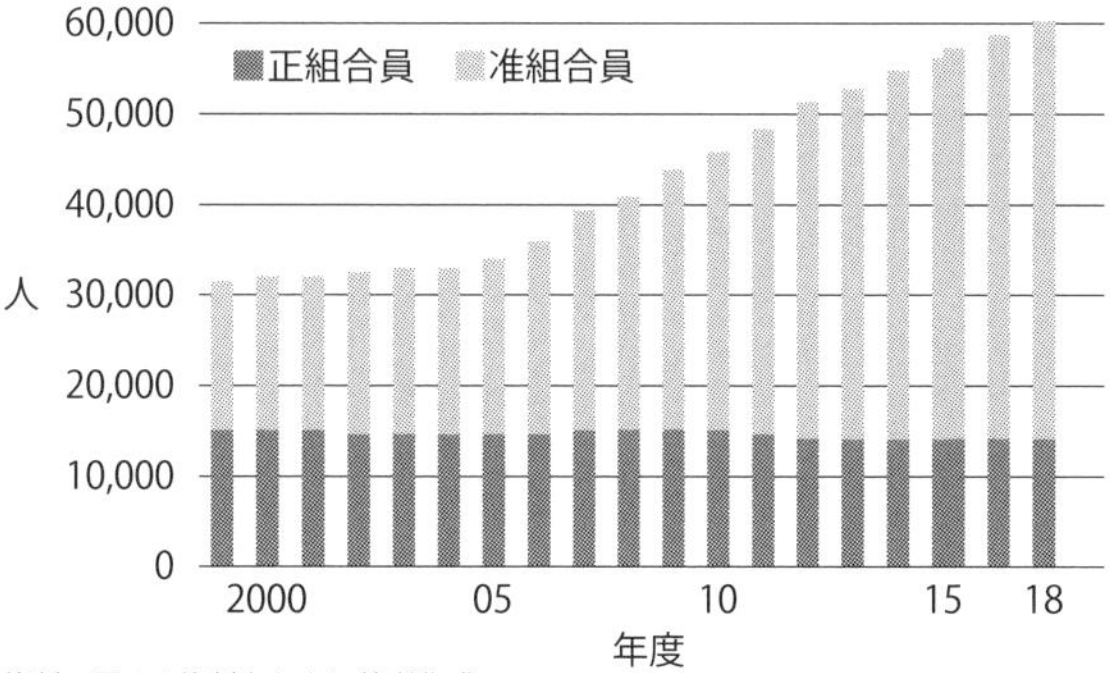

資料：同ＪＡ資料をもとに筆者作成。

農産物の栽培を行っている。

准組合員加入のきっかけについておもなもの挙げると、「ＪＡの職員に勧められたから」が28・７％で最も多く、「金利が有利になるから」が14・７％、「借り入れを行うため」が12・８％、「親・配偶者からの相続のため」が８・２％、「家族に勧められたから」が７・３％、「他の組合員に勧められたから」が５・９％、「ＪＡの活動・行事に参加するため」が５・２％となっている。

(4) 組合員のアクティブ・メンバーシップの状況

表1は、同ＪＡの意識点・行動点を正・准別、性別・年齢層別に示したものであり(4)、網掛けはそのセルの数値が全国平均値と比べて高いことを示している（詳細は表の注２を参

表１　正・准別、性別・年齢別にみたＪＡ兵庫南の意識点・行動点

			回答数（人）	意識				行動							
				親しみ	必要性	理解	小計	事業利用 営農	事業利用 信共	事業利用 生活	活動参加	組織加入	意思反映	運営参画	小計
正組合員	全体		601	6.7	6.6	4.7	18.0	3.6	4.5	3.3	4.9	3.3	2.6	3.5	25.6
正組合員	農業類型	担い手経営体	20	8.4	9.1	6.8	24.3	6.3	5.9	3.4	4.5	5.3	4.8	7.5	37.6
正組合員	農業類型	中核的担い手	47	7.7	7.9	5.6	21.2	7.1	5.7	4.2	6.4	5.0	3.9	6.0	38.2
正組合員	農業類型	多様な担い手（販売あり）	205	6.9	7.3	5.3	19.5	5.6	4.9	4.0	6.0	4.2	3.6	4.7	33.1
正組合員	農業類型	多様な担い手（販売なし）	232	6.5	6.1	4.5	17.1	2.0	4.1	2.8	4.4	2.5	2.0	2.3	20.0
正組合員	性別・年齢別	男性49歳以下	33	6.7	7.0	5.3	19.0	4.1	5.2	3.0	4.7	2.9	1.4	1.8	23.0
正組合員	性別・年齢別	男性50～64歳	105	6.8	6.8	5.0	18.5	3.5	4.6	3.2	3.4	2.9	2.6	3.0	23.0
正組合員	性別・年齢別	男性65～74歳	168	7.1	7.0	5.3	19.4	4.2	4.7	3.5	5.3	4.0	3.9	4.6	30.2
正組合員	性別・年齢別	男性75歳以上	110	6.2	6.3	4.0	16.5	3.9	4.2	3.1	5.4	3.4	3.5	4.7	28.3
正組合員	性別・年齢別	女性49歳以下	10	7.5	7.3	3.3	18.0	2.8	3.5	3.0	4.0	1.0	0.5	0.0	14.8
正組合員	性別・年齢別	女性50～64歳	43	6.9	6.7	5.1	18.7	2.6	4.6	3.7	5.7	1.6	0.8	1.4	20.3
正組合員	性別・年齢別	女性65～74歳	70	7.0	6.9	5.3	19.2	3.7	4.3	3.6	6.5	4.4	1.7	2.9	27.0
正組合員	性別・年齢別	女性75歳以上	62	6.3	5.6	3.6	15.5	1.9	3.9	2.8	4.3	2.6	0.7	2.9	19.1
准組合員	全体		952	6.3	5.9	3.9	16.1	0.9	3.3	2.3	4.2	1.1	0.6	0.3	12.7
准組合員	性別・年齢別	男性49歳以下	65	6.3	6.2	4.1	16.6	0.6	4.7	2.4	3.2	0.0	0.0	0.0	10.9
准組合員	性別・年齢別	男性50～64歳	95	6.6	6.3	4.6	17.4	0.8	3.3	1.9	3.6	0.3	0.0	0.0	9.9
准組合員	性別・年齢別	男性65～74歳	139	6.4	5.9	4.2	16.5	1.4	3.2	2.4	3.7	0.9	0.4	0.0	12.1
准組合員	性別・年齢別	男性75歳以上	102	5.6	4.7	2.8	13.2	1.2	3.0	2.0	3.5	1.2	0.6	0.3	11.9
准組合員	性別・年齢別	女性49歳以下	80	7.1	6.9	3.9	17.9	0.3	3.3	2.5	4.6	0.2	0.2	0.0	11.0
准組合員	性別・年齢別	女性50～64歳	152	6.5	6.5	3.9	17.0	0.7	3.3	2.4	4.6	1.2	0.7	0.3	13.2
准組合員	性別・年齢別	女性65～74歳	209	6.8	6.2	4.3	17.3	1.2	3.3	2.6	5.5	1.9	1.1	0.8	16.3
准組合員	性別・年齢別	女性75歳以上	110	5.4	4.4	3.0	12.9	0.8	2.6	1.8	3.7	1.5	1.1	0.7	12.3

資料：ＪＡ兵庫南のデータは同ＪＡ実施のＭＳアンケート、全国データは全中データ（第２章で用いた113ＪＡ）。
注１：第４章表３の注１および注２と同様
注２：薄い網掛けは同ＪＡの値が全国平均値より高いもの、濃い網掛けは同ＪＡの値が全国平均値より0.5点以上高いもの（ただし意識点の小計は2点以上高いもの）。

照）。正組合員全体についてみると、意識点の小計は18・０点で全国平均（表出はしていない）の17・８点とほぼ同水準にあるが、行動点の小計は25・６点で全国平均の30・５点を約５点下回っている。行動点を項目別にみると、事業利用では全国平均をやや上回っているのに対し、組合員組織加入（同表では組織加入と表記）、意思反映、運営参画ではそれぞれ全国平均を１～２点ずつ下回っていることから、これら組合員組織加入、意思反映、運営参画の強化が、正組合員対応における課題であると考えられる。

農業類型別にみると、担い手経営体の意識点が濃い網掛けとなっており、大規模な担い手との意識面のつながりは特に強い状況にあることがうかがえる。また、多様な担い手（販売あり）および多様な担い手（販売なし）についても、意識点は薄い網掛けであり全国平均を上回っている。

次に准組合員についてみると、意識点の小計は16・１点で、全国平均の16・９点をやや下回っている。また、行動点の小計は12・７点で、全国平均より２点程度低い。行動点を項目別にみると、活動参加では全国平均を上回っているが、それ以外は全国平均よりも低い状況にある。准組合員を性別・年齢別にみてみると、濃い網掛けはほとんどみられず、薄い網掛けも正組合員に比べると少ない状況にある。こうしたことから、同ＪＡにおいては、多数を占める准組合員とのつながりづくりが特に重要な課題となっていることが読み取れる。

３．組合員とのつながりづくりの基本方針と全体像(5)

(1) 取り組みの実施体制

組合員対応を中心的に担うのは、総務部ふれあい広報課である。同課は多くの活動と組合員組織を統括しており、おもなものとして女性会（ＪＡ女性組織）やＪＡ利用者懇談会、支店ふれあい活動などが挙げられる。同課には８人の職員が配置されており、その内訳は、課長が１人、ふれあい活動担当者１人、おもに女性会を担当する職員が3人、広報担当者1人、庶務担当者2人となっている。また、2019年度に新設された部署として営農経済部アグリ支援課があり、青壮年部および担い手農家懇談会の事務局や営農渉外の管理などを担当している。さらに、総務部総務課が組合員加入促進などの組合員管理を担当している。

次に支店の体制であるが、01年度から約10年間をかけて統廃合が進められており、再編前の19支店・6出張所から15支店に集約されている。各支店にはふれあい担当（兼務）が1人ずつ配置され、支店ふれあい活動にかかる対応を中心的に担っている。

(2) つながりづくりの基本方針と全体像

同JAでは、前述のような准組合員の急速な増加に加えて、女性組合員の増加や正組合員の世代交代などにより、組合員の多様化が進んでいた。このことに加えて、支店統廃合を進めたこともあり、組合員とJAとの距離が離れつつあったことから、JAは2011年度に「協同活動基本方針」を策定し、本格的に協同活動に取り組んできた。

さらに、14年度には、「10年後の将来を見据えた長期的な方針」として、「くらしの活動基本方針」（以下、「基本方針」）を策定している。この新たな基本方針では、『「くらしの活動」を起点に多様な組合員・地域住民にアプローチすることは、関係づくりを進めるうえで重要な視点』であるとして、「くらしの活動の取り組みを組織基盤強化のための基礎活動として明確に位置付け」ている。

この基本方針の特徴として、次の2点が挙げられる。一つは、「くらしの活動の推進を通じた目指す姿」を明確化していることである。目指す姿の具体像として、「次世代を中心とする組合員がJAファンとなって、自分のJAを良くするための意見を出してくれる」という姿を設定しており、組合員の意思反映・運営参画を重視していることが読み取れる。加えて、「准組合員は、地産地消の実践を通じて、地域農業を支える役割を担う」として、地域農業振興の応援団としての准組合員の役割を明示している。

特徴のもう一つは、「目指す姿」の実現に向けたステップアップの道筋を明確化するとともに、このステップアップを意識して各取り組みを体系的に整理していることである。このうち、ステップアップの道筋については、基本方針において、ＪＡ兵庫中央会が作成した**図2**が示され、「各活動の企画・実践にあたっては、目指す姿の到達に向けたストーリーのなかでの位置付け（どのステップの活動なのか）や目標を明確に」すべきことが述べられており、このことについてさまざまな職員研修の場で職員への意識づけが図られている。

また、取り組みの体系的な整理については、16年にＭＳアンケート調査に取り組んだことを契機に、同調査の枠組みを参考にして、メンバーシップ強化にかかる同ＪＡのさまざまな取り組みを、正・准という対象別と、ステップアップのステージ別に、**図3**のように整理している。

同図からは、同ＪＡにおいて対象・ステージごとにバランスよく取り組みが行われていること、なかでも運営参画（および意思反映）のステージにおいて、さまざまな受け皿が用意されており、多様な組合員の意思反映・運営参画に注力していることが読み取

図２　ＪＡ兵庫南の「目指す姿」へのステップアップのイメージ

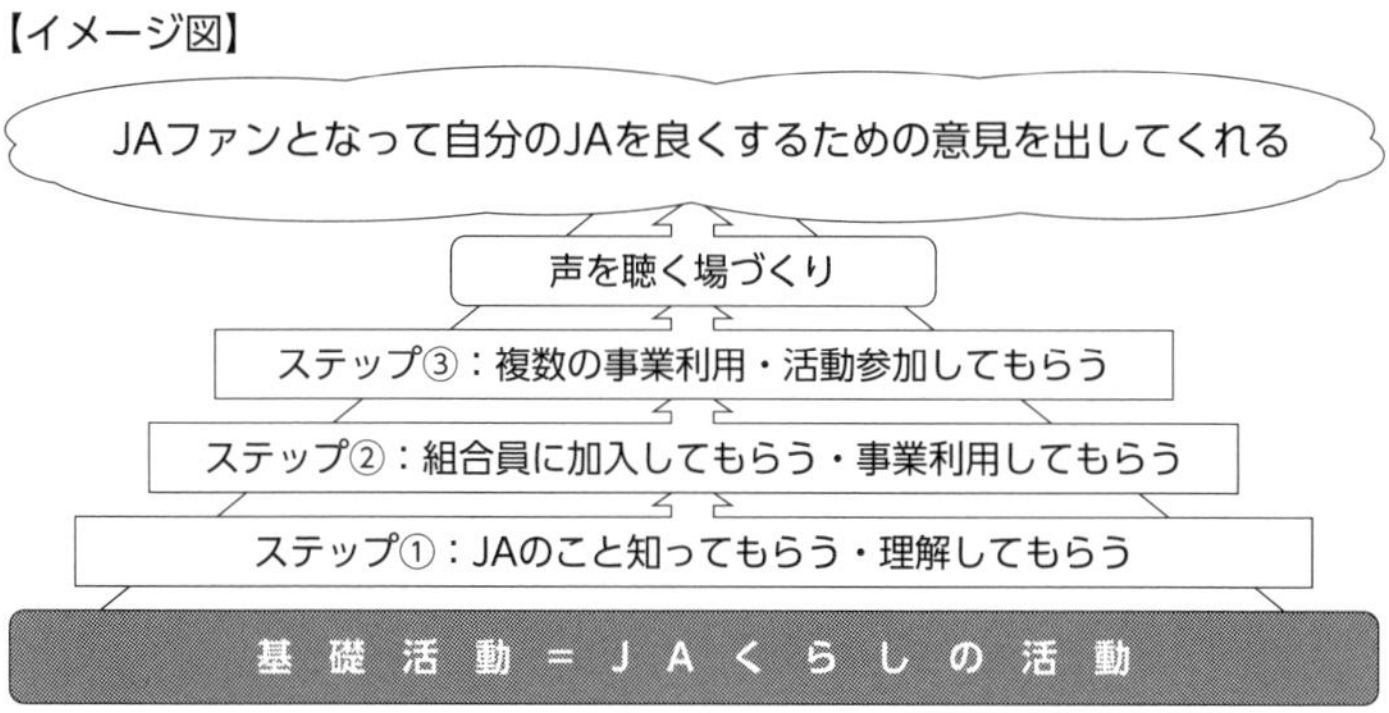

資料：ＪＡ兵庫南「ＪＡ兵庫南くらしの活動基本方針」（2018年２月）より転載。

れる。加えて、正組合員だけでなく准組合員においても、ふぁ〜みんフェスタなどのイベント⇓レディースカレッジ・男ディカレッジ・にじいろ農園・女性会など⇓ＪＡ利用者懇談会、のように、組合員としてのステップアップのルートが用意されていることは、特筆すべき点であろう。

(3) 主要な取り組みの概要

正組合員対応では、特に総代への対応を重視している。具体的には、総代会、地区別総代懇談会および支店別総代懇談会のいずれについても本人出席をたいせつにしており、開催にさいしては、支店長による総代への声かけを徹底するとともに、費用弁償も実施している。２０１６年度の本人出席率は、総代会が88％、地区別総代懇談会が89％と９割近くに上っている。

また、同ＪＡでは女性会（ＪＡ女性組織）メンバーの大部分が准組合員となっていることから、女性会とは別に女性委員会を新設し、女性

図３　対象とステップアップを意識したＪＡ兵庫南の組合員対応の体系

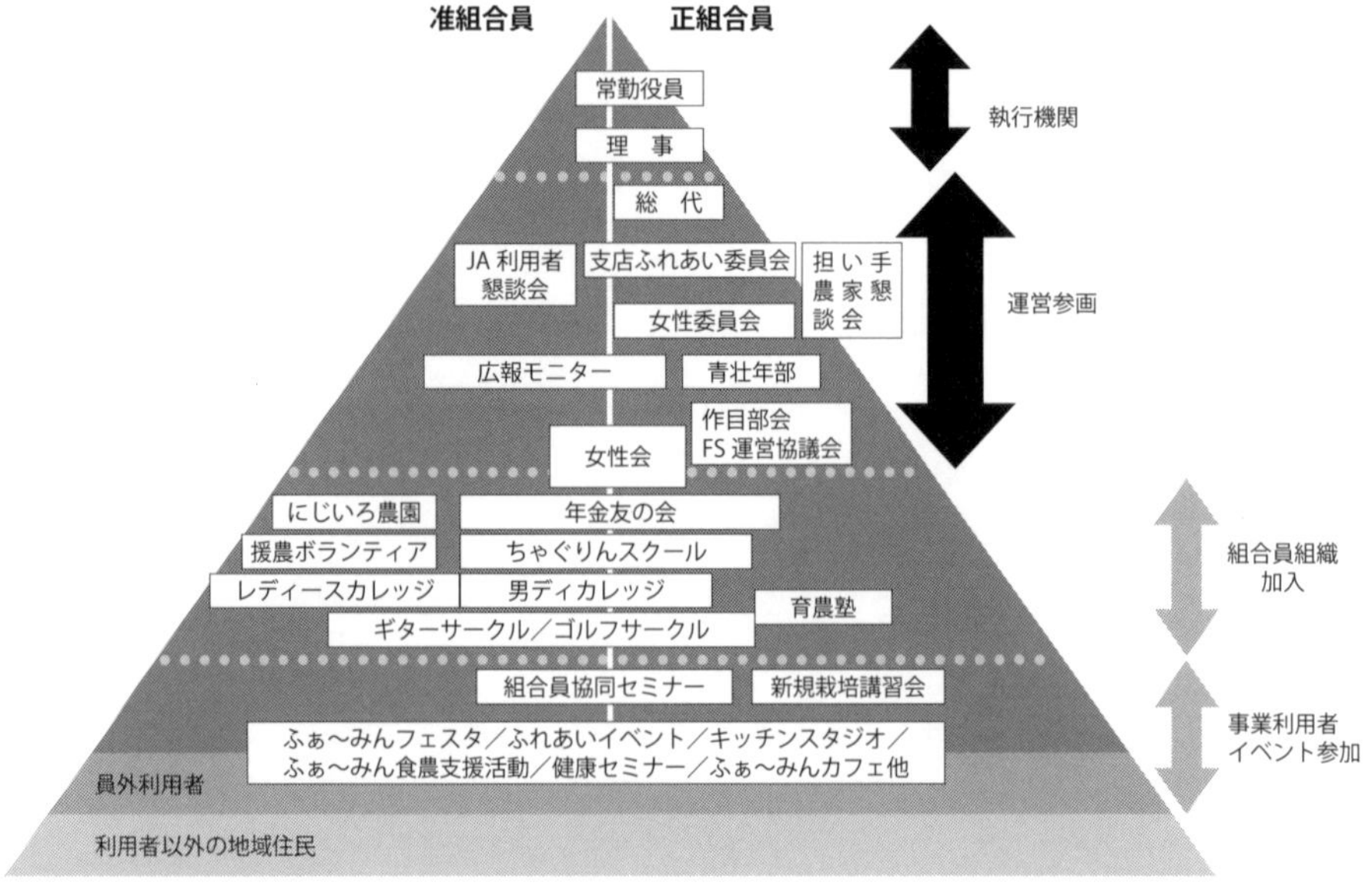

資料：ＪＡ兵庫南提供資料より転載。

の正組合員による意思反映の機会の確保に取り組んでいる。さらに、担い手農家の声を聴くため、17年度には担い手農家懇談会を設け、年２回の意見交換を行っている。こうした委員会や懇談会には、毎回、ＪＡの常勤役員全員が出席している。

これらの意思反映の取り組みに加えて、同ＪＡはより幅広い組合員や地域住民を対象とする活動にも力を入れている。ふぁ～みんフェスタやにじいろ農園、レディースカレッジ、男ディカレッジなど、その活動はじつに多彩であるが、ここでは支店・事業所ふれあい活動のみ概要を紹介する。同活動は、主要な組合員活動の一つであり、30の支店・事業所（支店15、営農経済センター4、ＦＭ8、福祉施設３）ごとに実施されている。活動は、農会長や総代、女性会代表者などで構成される支店ふれあい委員会を通じて実施されている。活動内容は、必須の活動として①地域清掃活動、②支店・事業所だよりの発行（年３回以上）、③３世代交流活動（ふれあい委員が中心となって実施）があり、これらに加えて、任意活動として各支店・事業所が独自の活動を実施している。任意活動の例としては、田植えやサツマイモ収穫、夏祭り、縁日、夏休み工作教室などが挙げられる。

4．「ＪＡ利用者懇談会」による准組合員とのつながり強化と意思反映

ここでは、同ＪＡにおける准組合員対応の中心的な取り組みであるＪＡ利用者懇談会（以下、「懇談会」）について、詳しい実態とその効果を検討する。

(1) 懇談会の内容と進め方

① 背景と目的

前述のように、同ＪＡでは、増加を続ける准組合員がＪＡのことを学び、ＪＡへ意思反映を行うための機会

が乏しいことが課題となっていた。そこで、２０１３年度から懇談会の取り組みを開始することとなった。

懇談会の目的は、准組合員が「ＪＡや農業への理解を深めるとともに、准組合員の視点から事業や運営に関する意見や要望を聴き、ＪＡ運営に反映すること」（「ＪＡ利用者懇談会設置要領」第1条）とされている。懇談会は13年度から毎年開催されており、19年度で7年めを迎えている。

② 内容

懇談会では、毎年、同ＪＡの准組合員30人を委員に委嘱し、1年間で6回の懇談会を開催して、ＪＡについての学習や意見交換を行っている。19年度の計画（例年の内容を踏襲）から、各回の内容をみてみよう。

第1回の懇談会は本店で開催され、同ＪＡの概要やＪＡの仕組みなどについて学習する。このうち、ＪＡの仕組みについてはＪＡ兵庫中央会に講師を依頼しており、中央会職員がスライドショーを用いて、協同のメリットや、協同組合と株式会社との違い、ＪＡの総合事業などについて平易に解説している。特徴的な点として、図4のような形で、准組合員の役割について、「地域農業の理解者」として「食べて応援」「作って応援」の実践が期待されることを伝えている。

続く第2~5回では、委員がＪＡのさまざまな施設を訪れ、ＪＡ事業について学んでいる。具体的には、信用・共済事業について（支店）、営農経済事業について（営農センター）、農業施設について（カントリーエレベーター）、高齢者福祉事業について（高齢者福祉施設）といった内容である。

方法的な特徴として、第1~5回では、毎回、見学や講義の後

図４　懇談会における准組合員の役割の説明資料

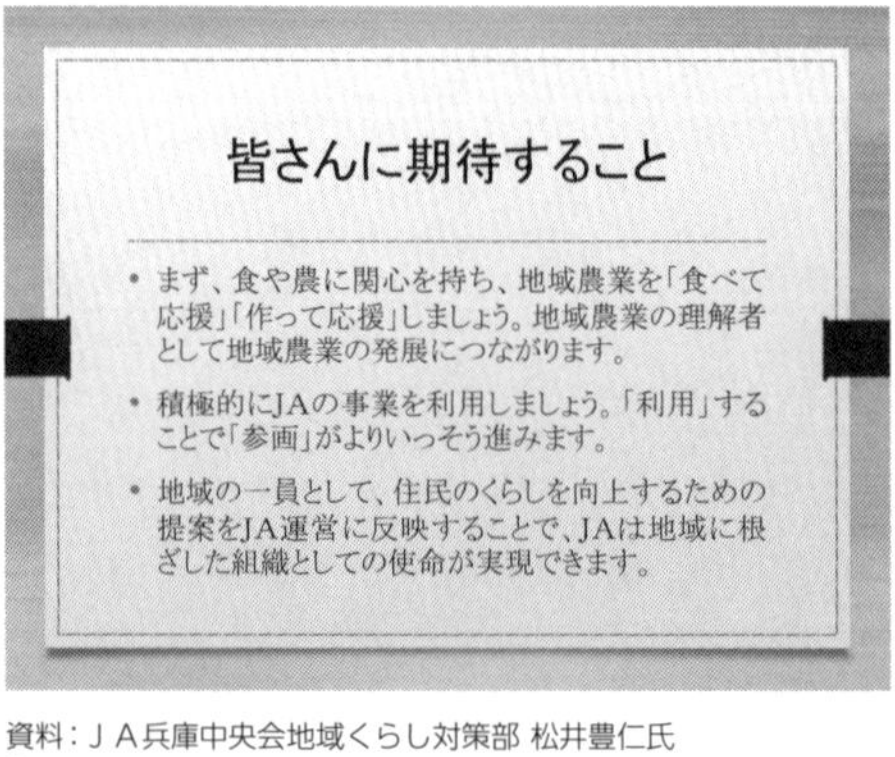
皆さんに期待すること
• まず、食や農に関心を持ち、地域農業を「食べて応援」「作って応援」しましょう。地域農業の理解者として地域農業の発展につながります。
• 積極的にJAの事業を利用しましょう。「利用」することで「参画」がよりいっそう進みます。
• 地域の一員として、住民のくらしを向上するための提案をJA運営に反映することで、JAは地域に根ざした組織としての使命が実現できます。

資料：ＪＡ兵庫中央会地域くらし対策部 松井豊仁氏
「ＪＡのしくみ・准組合員の役割」（2018年７月）より転載。

に委員同士の意見交換の時間が設けられている。この意見交換はグループディスカッション形式で行われ、委員が５人ずつ六つの班に分かれて議論を行う。各グループのメンバーは１年をとおして固定されている。最初の２年間は意見交換を学校形式で行っていたが、意見が出にくかったため３年めからグループディスカッション形式に変更したところ、和気あいあいとした雰囲気のなか非常に活発な議論が行われるようになった（写真はグループディスカッションの様子）。各回の最後には、グループごとに意見をとりまとめて発表を行っている。

そして第６回では、第１～５回で委員から出された意見を「提案書」としてとりまとめ、組合長へと提出している。正確には、事務局が第１～５回の意見を集約する形で提案書の案を作成し、第６回の開催前に委員全員へ郵送して事前に確認してもらい、第６回で懇談会として内容を承認して提出を行っている。

提案書の内容はＪＡの事業や施設に関する要望が主で、例えば18年度提案書では「ふぁ～みんグリーンは家庭菜園をしている方でも利用できることが分かりましたが、やはり農家以外の方は店舗に入店しづらいので改善してほしい」といった要望が出されている。また、懇談会を通じて商品やサービスの優れた点を知った委員から、今後そうした点をもっと周知してもらいたいといった要望も少なからず出されているほか、「低温農業倉庫の規模の大きさと品質管理の素晴らしさに感心しました。維持管理は大変だと思いますが、私たち消費者で『お米の年間契約』している立場からは非常に安心することができ感動しました」のようにＪＡの取り組みを高く評価する意見も記されている。

こうした提案書における要望は、ＪＡからの回答とともに同ＪＡ広報誌の特集ページに掲載され、広く組合員へと周知されており、准組合員がＪＡ運営に関与していることを広く認知してもらうのにも役立っている。

写真　ＪＡ利用者懇談会の様子

資料：ＪＡ兵庫南提供。

③ 実施体制と委員の委嘱

懇談会は、総務部ふれあい広報課課長が事務局として中心的な対応を行っており、懇談会の各回当日の運営では同課職員2人がサポートを行っている。

委員の任期は1年間であり、幅広い准組合員に参加してもらうため再任は認めないこととしている。定員は30人で、全部で15ある支店から各2人ずつに委嘱している。応募資格は、同ＪＡの准組合員であって、開催場所に現地集合できる人、ということ以外は特に設定していない。

委員の属性の傾向は、性別は女性が8割ほどを占めており、年齢層は男女ともに50歳代と60歳代が多いようである。

運営において苦労が多いのは委員の確保である。募集は広報誌に案内を掲載しているほか、案内文書を支店などで配布して行っているが、毎年、委員30人のうちみずから応募してくる人は多くて5人ほどであり（前年の委員による勧誘を含む）、それ以外は各支店長がいわゆる一本釣りで依頼して確保している。女性会の会員が複数人で申し込みを行うケースなどもあったが、幅広い准組合員の意思反映の場という懇談会の趣旨に鑑み、こうした申し込みは断るようにしている。

(2) 懇談会委員経験者のアクティブ・メンバーシップの状況

① 懇談会委員経験者の属性

ここでは、同ＪＡにおけるＭＳアンケート調査結果から、懇談会委員経験者の属性や意識点・行動点をみてみよう。同ＪＡは、同調査のさいに、無作為抽出の配布先に加えて、利用者懇談会委員の経験者（以下、「委員経験者」）へアンケート調査票を配布し、29人から回答を得ている。回答者数はやや少ないものの、その回答から委員経験者のおおまかな傾向を把握することは可能であろう。

回答のあった委員経験者の性別は、女性が86・2％を占めている。年齢層は、49歳以下が3・4％、50～64歳が31・0％、65～74歳が34・5％、75歳以上が31・0％となっており、同ＪＡの准組合員の年齢構成（49歳以下が26・5％）と比較して49歳以下の割合が低いといえる。実家が農家ではないのは67・9％（准組合員全体では77・5％）である。同居組合員の有無は、「正組合員がいる」が17・9％（同16・1％）、「准組合員がいる」が39・3％（同25・3％）、「自分以外に組合員はいない」が42・9％（同58・0％）である。准組合員加入時期は、２０００年以前が34・5％（同27・6％）、01～10年が6・9％（同24・0％）、11年～現在が41・4％（同21・8％）である。農業との関わりは、「農産物の栽培は全く行っていない」が60・7％（同70・6％）、「家庭菜園などで自家用の農産物を栽培」が35・7％（同28・2％）である。女性会への加入者は24・1％（同4・3％）であるが、委員経験者の大部分は女性であることから、女性の委員経験者にかぎってみると、女性会への加入者は28・0％（女性准組合員全体では7・2％）であり、委員経験者は女性会加入者が相対的に多いといえる。

② 意識点・行動点の状況

次に、委員経験者と他の類型（正組合員の「担い手経営体」「中核的担い手」「多様な担い手（販売あり）」「多様な担い手（販売なし）」、准組合員）とで、意識点・行動点を比較したものが図5である。

この図をみると、准組合員の平均値は意識点が16点強、行動点が13点弱であり、意識点・行動点ともに正組合員のすべての類型を下回っている。これに対し、准組合員のなかの委員経験者は意識点が22点強、行動点が34点強と、准組合員の平均値に大差をつけて上回っている。[6] さらに、委員経験者の点数は正組合員の各類型と比べても高く、意識点で「担い手経営体」に次ぐ高水準となっている。

③ 委員経験者と非経験者との比較

次に、准組合員のうち、懇談会の委員経験者と非経験者とのクロス集計から、懇談会への参加による変化を推察してみたい。(7) なお、懇談会委員は大部分が女性であることから、性別による影響を除去するため、委員経験者・非経験者ともに女性のみを抽出して比較を行うこととする。

顔なじみの職員の有無についてみると、非経験者の47・6％が「顔なじみの職員はいない」としているのに対し、委員経験者の同割合は4・0％であり、委員経験者のほとんどが、顔なじみの職員がいると回答している。委員経験者の顔なじみの職員を具体的にみると、「支店長」が32・0％、「金融・共済の渉外担当者」が同じく32・0％となっており、懇談会委員に就任するさいにつなぎ役となる支店長の割合が高い結果となっている。

このことに関連して、懇談会への参加による意識変化の設問をみると、委員経験者の16・0％が「顔なじみのＪＡ職員が増えた」と回答している。その他では、「ＪＡに関する知識が身についた」が68・0％、「ＪＡに対する親しみが増した」が64・0％と、ＪＡへの理解や親しみを高めるうえで効果を上げていることが読み取れる。また、「食や農に関する知識が身についた」は32・0％、「仲間が増えた」は16・0％となっている。

次に、「なるべく地元の農産物を買うなどして地域の農業を応援したい」の設問では、「そう思う」の割合が、

図５　各類型および懇談会委員経験者の意識点・行動点

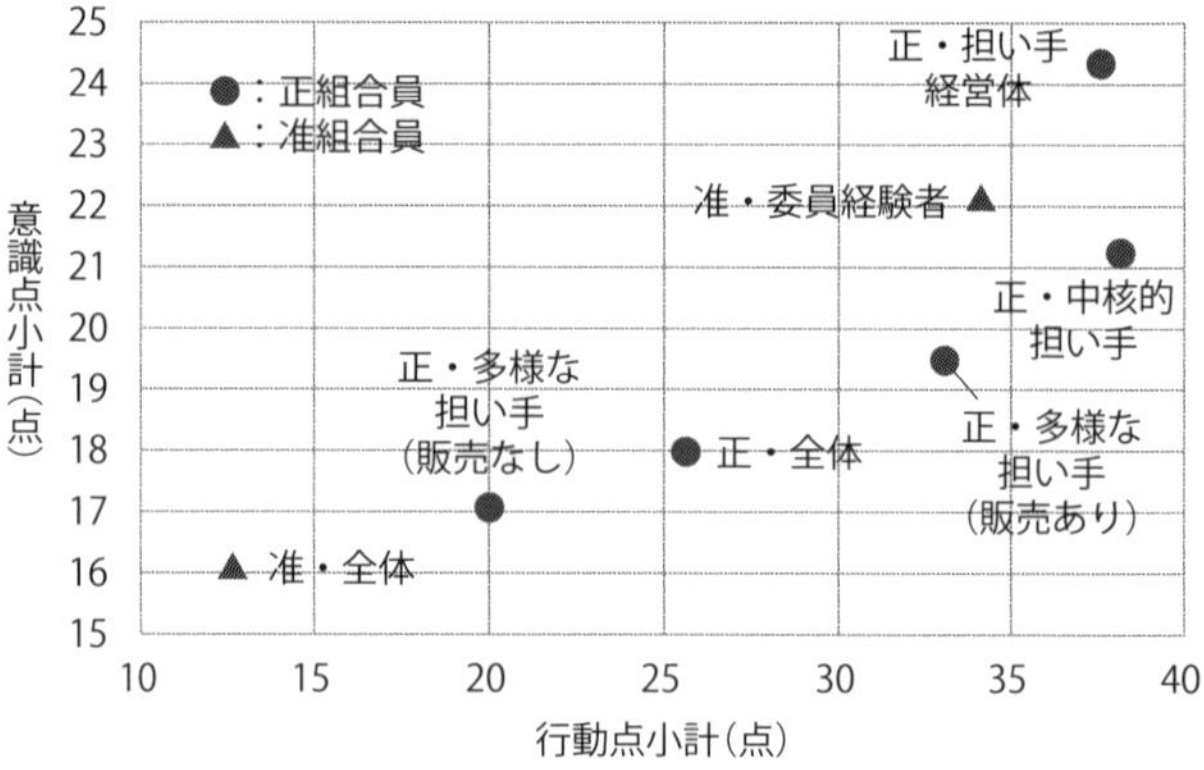

資料：同ＪＡ資料を一部加工して転載。

非経験者で54・７％であるのに対し委員経験者では91・３％となっており、准組合員の地域農業の応援団化を図るうえで懇談会は効果を上げているものと推察される。

事業利用については、共済事業で、非経験者の「ほぼすべてＪＡを利用」が20・５％であるのに対し委員経験者は33・３％、同様にＪＡ子会社（ガソリンスタンドなど）で、非経験者が６・４％であるのに対し委員経験者が18・２％となっており、懇談会が事業利用の伸長にも一定の効果を発揮しているものと推察される。事業利用の今後の意向では、介護福祉施設における「ＪＡを利用したい」が、非経験者で21・７％であるのに対し、委員経験者で42・１％と高い割合を占めている。同調査結果によれば、同施設は、委員経験者・非経験者とも、現在はほとんど利用されていないことから、委員経験者は懇談会で同施設を見学したことで将来的に利用したいと考えるようになったものと推察される。

貯金を利用する理由における「ＪＡには親近感があるから」の割合は、非経験者が23・７％であるのに対し委員経験者は40・０％であり、委員経験者の４割がＪＡへの親近感から貯金を利用していることがわかる。

役員経験（運営参画）では、女性会の役員経験者の割合が、非経験者で２・５％であるのに対し、委員経験者では28・０％となっている。これは、支店長などが女性会の役員にいわゆる一本釣りで委員を依頼することが多いためであると推察される。

ＪＡへの評価などでは、「ＪＡは地域農業の役に立っている」に「そう思う」「どちらかといえばそう思う」と回答した人の割合は、非経験者で74・０％であるのに対し、委員経験者では95・７％となっている。同様に、「ＪＡは地域のくらしの役に立っている」では、非経験者の77・５％に対し委員経験者は95・７％、「ＪＡには仲間がいる」では、非経験者の16・０％に対し委員経験者は59・１％となっている。このように、委員経験者は非経験者と比べ、ＪＡに対しより高い評価をしていることが読み取れる。

こうした結果から、懇談会の取り組みが、ＪＡと准組合員とのつながりづくりや准組合員同士のつながりづくりを図るうえで効果を上げている可能性は高いといえるだろう。

(3) 委員の実像と懇談会参加による学び・理解——委員OGへのヒアリングから——

次に、懇談会委員OGであるF氏へのヒアリング結果から、懇談会委員の実像と懇談会の効果を検討してみたい(8)。

① F氏の基本情報

ヒアリングを行った委員OGのF氏は、40歳代の女性である。家族構成は、夫婦と子ども4人の6人家族である。F氏と夫はともにサラリーマン家庭の出身で、農業や農協とは特に接点がない環境で育ってきた。夫妻はもともと共働きで、通勤の利便性から、同JA管内の近隣の都市で、駅前の賃貸住宅に居住していた。2006年ごろに、小さな子どもを育てるのに好ましい環境と、戸建ての住宅を求めて、管内の稲美町へと転入している。転入後、F氏は食品の加工場に勤務している。同加工場は、寿司やパンなどを製造し、同JAのふぁ～みんSHOPなどに出荷している。

② 懇談会参加の経緯と参加前時点でのJAに対する認識

F氏が懇談会の委員となった経緯は次のようなものである。F氏の職場の上司は同JA女性会の会長を務めており、F氏の地区のJA支店長がその上司に対し、18年度懇談会の委員に適任である人物の紹介を依頼した。これを受けて、上司はF氏に対し、「いつもと違う目線で、ふぁ～みんSHOPやその他のJA施設をみるというのは、あなたにとってよい社会勉強になると思う」と、委員の話を打診した。F氏は、JAは自分にとって遠い存在であると認識しており、どちらかといえばこの件について消極的であったが、上司の顔を立てるために引き受けることとした。

懇談会参加前の時点で、F氏はJAを「農家のための金融機関」と認識しており、扱っている金融商品も農家向けのものであると捉えていた。また、ＪＡとの個人的な関わりについては、子どもの学費の支払い方法としてＪＡの口座を指定されたため口座を開設していたが、それ以外での関わりはないものと認識しており、組合員にもなっていなかった。

委員の話を受けて、Ｆ氏は地区の支店を訪れ、窓口で趣旨を説明し、出資金を支払って同ＪＡの准組合員となった。

③　懇談会に参加した印象と参加後の変化

表２は、ヒアリング調査におけるＦ氏のおもな発言内容を整理したものである。同表の③にあるように、Ｆ氏は懇談会を通じて、それまでは遠い存在であると認識していた同ＪＡと、じつはすでにさまざまな場面で関わりがあったこと、むしろＪＡ事業の利用や女性会活動への参加という形でみずからの「生活圏」にＪＡが入り込んでいたことを認識している。ＪＡの事業や活動は多岐にわたり、それらのなかにはＪＡ色が前面に出ていないものも少なくないことから、特に准組合員や地域住民は知らず知らずのうちにＪＡと接点を持っていることは多いであろう。そうした准組合員・地域住民に、ＪＡの存在を再認識し、その価値を実感してもらううえで、同ＪＡの懇談会のようにＪＡの事業や施設について学ぶ機会を提供することは非常に有効であることが読み取れよう。

また、同表の⑤から読み取れることとして、懇談会を通じて委員から出された意見に対し、できることから速やかに実践していくことが、委員のＪＡに対する親しみや信頼感を高めるうえで、高い効果をもたらす可能性があるといえる。

他方で、同表の①および④からは、意見が出されるプロセスもまた重要であり、同ＪＡが採用する、施設の見学と意見交換会をセットにしたプログラムと、グループディスカッション形式の意見交換会は、活発な意見交換を行ううえで高い効果を発揮していることが読み取れる。他のＪＡにとっても参考になる知見であろう。

表２　ヒアリング調査におけるF氏のおもな発言内容

①参加してみての印象	・毎回、施設の見学や試食をしたり、施設の職員のお話を聞いたり、利用者の様子を見たりして、それを踏まえて意見交換を行ったので、本当に活発な意見交換ができた。委員からは、「すばらしい」「安心できる」「よくできている」という意見が出る半面、非常に厳しいストレートな意見もかなり出た。「ＪＡの方は耳が痛いだろうな」と感じた。
②他の委員との関係	・自分以外の 29 人の委員のうち、顔見知りは同じ支店から選ばれた１人のみで、あとは初対面か、もしかしたらどこかで会ったことがあるかも、という程度だった。 ・女性が多かったこともあり、30 分もすれば自然と会話が始まった。１年間の活動を終えるころには、別の場面で委員同士顔を合わせたときに気軽に挨拶できるようになっていた。
③ＪＡとの関わりについての気づき	・ライスセンターやふぁ～みんＳＨＯＰを見学し、「いつもここのお米を食べている」「ここでいつも買い物している」「職場もふぁ～みんＳＨＯＰに出荷している」と、ＪＡとの関わりに気づいたり、改めて認識したりした。また、職場のつながりから女性会のサークル活動もしているが、それがＪＡの活動であることを理解した。 ・自然に自分の生活圏のなかにＪＡが入っていたんだな、気づかないうちにもうどっぷりとＪＡに関わっていて、けっこうＪＡにお世話になっていたんだな、と感じた。
④懇談会を通じて学んだこと	・介護施設に実際に行き、利用者の方が召し上がっている食事をいただいた。私や主人の両親が、これからこういう人生をたどっていくんだな、というのがすごくクリアに見えた。すっと、自分のリアルな生活に入ってきたという感じだった。見学は毎回、すごく新鮮な気持ちになり、ほんとうに勉強になった、よい経験をさせてもらった。 ・意見交換で他の委員の方の意見を聞き、あ、なるほど、人生の先輩はそういうふうに思うんだ、と感じた。心の栄養になった。
⑤懇談会で出された意見に対するＪＡの対応	・懇談会で、にじいろふぁ～みん併設のレストランでランチをいただいた。そのさいに、他の委員から、メニューなどについてかなり厳しい意見が多く出された。その後、委員の任期が終わって、最近、またレストランに行くことがあった。そのときに、食事の内容が劇的によくなっていると感じた。自分がそれを話す前に、同行者が「よくなったね」といったので、自分だけがそう感じたのではないと思う。 ・それで、もしかして利用者懇談会の意見が反映されたのだろうか、と思い、とてもうれしくなった。懇談会ではいろいろな意見が出たが、たいていは対応に時間やお金、労力がたくさん必要になるような意見だった。そうしたなかでも、できるところからすぐ対応してくれたんじゃないかと思うと、誠意を感じた。懇談会の意見を踏まえて、他の施設でもすぐできることから改善していただいているのかもしれない。形だけではなく、本当に意見を反映させるために懇談会を行っていたのだな、と思った。

資料：Ｆ氏へのヒアリング調査結果。

(4) 継続的な関係づくりに向けた「同窓会」の開催

本節におけるここまでの検討で、准組合員のＪＡに対する親しみや理解を高め、准組合員とのつながりを強めるうえで、懇談会の取り組みが一定の効果を上げていることが把握できた。しかしながら、毎年の懇談会が終了した後に、委員ＯＢ・ＯＧ同士のつながりや、ＯＢ・ＯＧとＪＡとのつながりを維持し、ＪＡへの参加・参画に向けてステップアップしてもらうということについては、同ＪＡではまだそのための仕掛けのあり方を模索する段階にある。

そうした模索の第一歩として、２０１８年度に同ＪＡが初めて開催したのが、委員ＯＢ・ＯＧの同窓会である。この同窓会は、ＯＢ・ＯＧが再会し懇談する機会をＪＡで用意し、ＯＢ・ＯＧ同士の交流を深めてもらうことをねらいとして開催された。

対象は、18年時点のＯＢ・ＯＧ全１５０人（13～17年度）とし、案内文書を送付して参加を募ったところ、半数近い70人ほどの参加があった。

懇談だけでなく学びの要素を取り入れるため、管内の新規就農者による体験発表と、優績者として表彰された営農渉外担当職員による発表を盛り込み、同窓のＯＢ・ＯＧごとにグループディスカッションを行って意見を出してもらう形をとった。このときもたいへん活発な意見が出されたようである。

ＪＡでは、この同窓会を今後も継続していくことを予定している。今後は、こうした取り組みによりＯＢ・ＯＧ同士のつながりを維持し深めていくなかで、組合員の主体的な活動にどのように結びつけていくかが課題となると考えられる。

おわりに ――ＪＡ兵庫南のつながりづくりにおける特徴とポイント

ここまで、同ＪＡにおける組合員とのつながりづくりについて、特に准組合員を対象とするＪＡ利用者懇談会に着目し分析を行ってきた。本節では、以上の検討結果を踏まえ、同ＪＡの組合員とのつながりづくりにおける特徴とポイントを整理する。

同ＪＡでは、エリア南部における都市化の進展の影響を強く受けており、特に２０００年代後半から准組合員の拡大に力を入れてきたことで、准組合員数の激増と准組合員比率の急上昇という内部環境変化に直面した。その結果、組合員の多様化が進み、これに支店統廃合も相まって、組合員とＪＡとのつながりが弱まりつつあった。これを受けて、同ＪＡは10年代から、組合員とのつながりづくりに向けた組合員対応を本格化させている。

同ＪＡの組合員対応の全体的な特徴としては、第一に、目指す組合員の姿を、准組合員を含めて明確化するとともに、その実現に向けたステップアップを意識することの徹底が図られていた。第二に、前掲図3から読み取れるように、同ＪＡの組合員対応は、対象およびステップアップのステージという観点からみて体系的なものとなっていた。特に、正組合員だけでなく准組合員においても、組合員としてのステップアップのルートが用意されている点は非常に先進的であり、特筆すべき特徴であるといえる。第三に、特に意思反映・運営参画のステージにおいては、総代・理事といったいわば正規のルートとは別に、組合員の多様性に応じた受け皿を用意しており、それぞれの受け皿への対応も、常勤役員全員が出席するなど非常にていねいなものであった。

こうした取り組みのなかでも、同ＪＡにとって対応の重要性がきわめて高まっている准組合員については、ＪＡ利用者懇談会を開始し、つながりづくりと意思反映に取り組んでいた。その特徴としては、見学を中心とするＪＡについての学習と意見交換会を組み合わせたプログラム、意見交換会におけるグループディスカッション形式の採用とグループメンバーの固定、意見交換会で出された意見を報告書にまとめて提出してもらっていること、この報告書へのていねいな回答と事業などへの反映などが挙げられる。こうした特徴的な運営の結果として、懇談会参加者の学びやＪＡの価値・存在意義への理解が促され、メンバーシップ強化に効果を上げているものと考えられるのであり、准組合員とのつながりづくりに苦慮している全国のＪＡにとって、当該取り組みはじつに示唆に富むものであろう。

ところで、同ＪＡにおける懇談会を含む意思反映・運営参画の多様な受け皿づくりについては、役職員の負担を考慮すると、一定の限界があることもまた事実であると考えられる。したがって、今後、同ＪＡにおいては、総代や理事といったいわば正規ルートでの意思反映・運営参画をどのようにより実質化していくかということも課題であるとみられる。この点も含めて、同ＪＡの体系的な組合員対応の今後の展開に注目していきたい。

【注】

⑴　同ＪＡにおけるＭＳアンケート調査は２０１６年12月から17年１月にかけて実施された。同調査では、無作為に抽出された正組合員１０００人と、准組合員２０３０人に対し、アンケート調査票が配布され、正組合員６１１人（回収率61・１％）と准組合員９７０人（同47・８％）から回収された。調査票の配布・回収は郵送で行われた。

⑵　本項における同ＪＡの概況に関わる数値は２０１８年度末のもの。

⑶　正組合員数の減少要因の一つに、２０１１～13年ごろに正組合員資格の確認・整理を行ったことがある。

⑷　第４章の章末注⑴と同様。

⑸　本節以降の、同ＪＡにおける取り組みの内容と実施体制に関する記述は、２０１９年６月時点のもの。

⑹　ただし、行動点については懇談会への参加自体が「活動参加」「意思反映」「運営参画」などの点数を高めることで行動点を大きく引き上げていることに注意が必要である。

⑺　設問において、懇親会への参加による変化を尋ねている場合を除き、因果関係を判断することはできないため推察にとどまる。

⑻　ヒアリング調査は２０１９年６月に実施した。

第6章

くらしを基軸とするつながりづくりと結集力強化戦略の展開

―鹿児島県ＪＡあいらの取り組み―

●はじめに

本章で事例とするあいら農業協同組合（以下、ＪＡあいらと略す）は、１９９２年３月に10ＪＡの広域合併により誕生しており、霧島市、姶良《あいら》市、湧水《ゆうすい》町の２市１町を管轄エリアとしている。管内は畜産と茶を中心とする地域農業が活発に展開する一方で、隣接する鹿児島市のベッドタウンとして都市化も進展している。農村的要素と都市的要素のどちらも持つ中間地帯に位置しているといえるだろう。

ＭＳアンケートの結果によると、同ＪＡの意識点・行動点は正・准組合員ともに全国平均をかなり上回っており、組合員とＪＡのつながりは強いといえる。[1] その基礎を成しているのは二つの伝統的なつながりである。一つには、生産部会などを通じた営農分野でのつながりであり、もう一つには、Ａコープを通じたくらしの分野でのつながりである。

こうした伝統的なつながりに加えて、同ＪＡでは２０１０年代に入って全戸訪問活動を通じたコミュニケーションの強化や、総合ポイントカードであるＪＡＤＤＯカードの導入などを進めており、これらも意識点・行動点の底上げに寄与していると考えられる。どちらの取り組みも近年の自己改革のなかで全国的な推進が図られているが、それに一足早く取り組んできたのが同ＪＡといえるのである。

さらにアクティブ・メンバーシップの強化に関わって興味深いのが、17年度より実践している「結集力強化戦略」である。そこでは正・准組合員それぞれのあるべき姿を明確化し、その姿に近づいていくための関係強化策を整理し、同強化策を具体化するための行動計画を各部署が策定・実践している。また、組合長直轄の統括部署が組織に横串を通しながらこうした戦略づくりや行動計画の進捗管理を進めている。

以下では、第一に同ＪＡの概況とアクティブ・メンバーシップの特徴、第二に組合員とのつながりを生み出しているＡコープ、ＪＡＤＤＯカード、全戸訪問活動などの取り組み、第三に結集力強化戦略の概要と実践状況について、それぞれその実態をみていく。なお、営農分野での伝統的なつながりや同分野における新たな取り組みについては、紙幅の関係から本章では取り上げないこととする。

１．ＪＡの概況とアクティブ・メンバーシップの特徴

(1) 組織と事業の概況

まず、組織の概況をみていく。２０１７年度末において役員数は常勤の４人を含めて24人、職員数は４１５人（うち常傭《じょうよう》臨時職員１３９人）となっている。本所の組織機構をみると、経営企画室・監査部・総務部・金融共済営業部・金融共済業務部・債権審査部・経済部・農業経営支援部・畜産部の１室８部で構成されている。同ＪＡでは自己改革の着実な実践のために２０１６年４月に総合企画部を設置しており、さらにより機動的かつ部門横断的な自己改革の実践を図るため、18年４月に同部を組合長直轄の経営企画室として再編している。

一方、支店については12統括支店・７支所体制を敷いている。支所は統括支店の子店の位置づけである。合併時の支店数（出張所など含む）は57におよび、その多くは営農指導も行う総合店舗であったが、02年４月に地域営農センターを管内４か所に整備して購買・販売・指導業務を集約。その後、04年５月より支店再編に着

手し、数回の店舗統廃合を経て現在の体制に至っている。

17年度の事業実績をみると、貯金残高１３４４億円、貸出金残高２５５億円、長期共済保有高３８５４億円、生産資材取扱実績31億円、生活資材取扱実績17億円となっている。農畜産物販売実績は１０２億円で、内訳は子牛52億円、茶16億円、肉牛14億円、野菜7億円、米４億円などとなっている。生活資材取扱実績は20億円弱にとどまっているが、管内には株式会社エーコープ鹿児島によるＡコープ店が別途展開している。この点は後で詳述する。

(2) 全国平均との比較でみたアクティブ・メンバーシップの特徴

表１は同ＪＡのＭＳアンケートの結果のうち、意識点と行動点についての集計結果を示したものである。(2) 表には網掛けをしたセルがみられるが、これは全国平均値と同ＪＡの値を比べた場合に、薄い網掛けは同ＪＡの点数が高いこと、濃い網掛けは同ＪＡの点数が大きく高い（各項目全国平均より1点以上、意識点の小計は３点以上、行動点の小計は7点以上高い）こと、網掛けなしは同ＪＡの点数が低いことを意味している。

まず、正組合員についてみると、意識点の小計は20・3点（全国平均17・8点）、行動点の小計は34・9点（同30・5点）、准組合員についてみると、意識点の小計は19・0点（同16・5点）、行動点の小計は17・2点（同14・9点）となっている。以上から明らかなように、同ＪＡのアクティブ・メンバーシップは正・准組合員ともに高い水準にある。

行動点の内訳をみると、事業利用において網掛けが多く付されており、同ＪＡは事業面で結集度の高いＪＡといえる。特に、生活事業利用では大半の類型・属性で濃い網掛けが付されており、ここに同ＪＡのアクティブ・メンバーシップの特徴があるといえる。

生活事業の中身にはいくつかあるが、その中心はＡコープであり、同店舗の利用者の多くが女性であることは容易に想定される。実際に生活事業利用の点数について、正・准組合員それぞれの男女同年齢層を比較すると、大半において女性のほうが高くなっている。

　さらに女性65歳以上に着目すると、正・准組合員ともに生活事業利用以外に組合員組織加入や意思反映についても濃い網掛けが付されている(3)。同ＪＡにおいては、Ａコープでのつながりを基礎として他の事業利用や組合員組織加入などの動きが進んでいるが、それを後押ししているのがＪＡＤＤＯカードや全戸訪問活動であり、具体的な動きが顕著にみられるのが女性シルバー世代なのである。

　一方、行動点のなかの活動参加は大半の類型・属性で網掛けがされておらず、この部分は同ＪＡの課題といえる。また、正組合員の男性にお

表１　属性・類型別にみた意識点・行動点

			回答数（人）	意識				行動							
				親しみ	必要性	理解	小計	事業利用 営農	信共	生活	活動参加	組織加入	意思反映	運営参画	小計
正組合員	全体		483	7.2	7.6	5.4	20.3	4.9	5.1	5.4	4.7	4.8	4.7	5.5	34.9
	農業類型別	担い手経営体	80	7.8	8.1	6.1	22.0	6.1	6.5	5.4	5.0	6.9	6.1	7.6	43.6
		中核的担い手	69	7.5	8.5	6.2	22.2	6.5	6.1	5.3	5.5	6.7	6.3	7.5	44.0
		多様な担い手（販売あり）	210	7.1	7.8	5.2	20.1	5.1	4.6	5.5	4.5	4.7	4.4	5.1	33.8
		多様な担い手（販売なし）	95	6.6	6.8	4.9	18.3	3.1	4.5	5.6	4.3	2.8	3.5	3.9	27.8
	性別・年齢別	男性49歳以下	15	8.2	8.0	6.3	22.5	5.4	5.4	3.8	2.7	4.7	2.7	4.0	28.5
		男性50～64歳	111	7.1	7.7	6.1	20.9	5.1	5.5	5.1	3.5	4.0	3.8	4.9	31.9
		男性65～74歳	169	7.4	7.8	5.5	20.8	4.8	4.8	5.5	4.7	4.8	4.8	6.0	35.5
		男性75歳以上	84	6.3	7.2	4.8	18.3	4.5	4.5	4.9	5.2	5.3	6.0	7.0	37.4
		女性49歳以下	0	-	-	-	-	-	-	-	-	-	-	-	-
		女性50～64歳	24	8.2	7.8	5.0	21.0	5.2	6.0	6.4	5.8	4.2	3.3	2.9	33.8
		女性65～74歳	42	7.7	8.0	5.6	21.3	4.7	5.3	6.4	6.0	6.0	4.8	4.8	37.8
		女性75歳以上	29	7.5	7.0	4.4	18.9	5.0	5.2	5.7	6.2	5.9	5.2	4.1	37.3
准組合員	全体		660	7.2	6.9	5.0	19.0	1.7	3.9	4.2	3.0	1.9	1.3	1.2	17.2
	性別・年齢別	男性49歳以下	45	7.0	6.9	6.6	20.4	1.4	4.7	4.6	1.8	0.3	0.4	0.0	13.3
		男性50～64歳	113	7.1	7.1	5.4	19.6	1.9	4.1	3.8	1.9	1.2	0.8	0.8	14.4
		男性65～74歳	122	7.1	6.9	5.4	19.4	1.9	3.8	4.1	3.7	1.6	1.5	1.6	18.0
		男性75歳以上	50	6.1	6.5	4.6	17.1	1.7	3.4	4.2	4.4	2.2	2.1	1.6	19.5
		女性49歳以下	54	7.5	7.0	4.7	19.2	1.2	4.1	4.4	1.7	0.0	0.1	0.0	11.4
		女性50～64歳	109	7.3	6.8	4.8	18.9	1.5	4.2	4.3	1.5	1.1	0.6	0.5	13.7
		女性65～74歳	118	7.8	7.1	4.5	19.4	2.0	3.7	4.4	5.2	4.1	2.6	2.0	23.8
		女性75歳以上	33	6.9	6.4	3.6	16.9	1.8	4.1	4.5	4.4	4.1	3.2	3.0	25.0

資料：ＪＡあいらのデータは同ＪＡ実施のＭＳアンケート、全国データは全中データ（第２章で用いた113ＪＡ）。
注：第４章・表３の注１および注２と同様。

いては、組合員組織加入、意思反映、運営参画において網掛けがほとんどみられない状況となっている。これは、全国多くのＪＡでは農家組合などの基礎組織への参加・参画が、これら3項目の点数の少なからぬ部分を構成しているのに対し、同ＪＡにおいては基礎組織に該当する組織がなく、この部分の点数が抜け落ちていることに起因している。(4)

ただし、同ＪＡにおいても、総代会前地区別説明会をはじめとする正・准組合員が意見を伝える場が整備されている。また、全戸訪問活動を通じて組合員とのコミュニケーションを強化している。同ＪＡにおいて意識点のなかの親しみや理解が全国平均より高い水準にあるのは、こうした取り組みが組合員から評価されているためと考えられる。

以上を踏まえて、次節では同ＪＡにおける組合員とのつながりを生み出す重要な取り組みとして、Ａコープ、ＪＡＤＤＯカード、全戸訪問活動を取り上げ、その実態を順にみていく。また、女性シルバー世代の結集の場となっている女性部についてもみることとする。

2. 組合員とのつながりを生み出すＪＡの取り組み

(1) つながりの基礎を成すAコープ

現在ＪＡあいら管内のＡコープ店舗は11店舗となっている。統括支店は12店展開しており、そのエリアはほぼ重なっている。２０１８年度の売上額は約80億円である。１９９７年より運営主体は同県経済連の子会社である株式会社エーコープ鹿児島に移管しているが、移管されなかった3店舗については同ＪＡの子会社であるあいら共同株式会社においてＡマートとして営業を続けている。Ａマートは僻地《へきち》に残されており、売上額は３店舗合わせて2億円強と小規模である。ただし、同マートを拠点に移動販売車を走らせるなど、地域のライフラインとして重要な役割を果たしている。

ＭＳアンケートによると、Ａコープの利用頻度は正組合員では週に数回が39・5％、月に数回が32・１％と高く、女性65～74歳にかぎれば週に数回が52・４％、月に数回が40・５％となっている。准組合員の利用頻度はさらに高く、週に数回が50・２％、月に数回が32・５％で、女性65～74歳にかぎれば週に数回が70・３％、月に数回が25・４％となっている。

表２はＡコープを利用する理由を示したものだが、正・准組合員ともに第１位は店舗が近いからとなっている。前述したとおりそのエリアは統括支店とほぼ重なっており、組合員にとって身近に感じられる店舗配置になっているといえる。２位以下は、正組合員では安全・安心な農産物が手に入るから、さらに新鮮な農産物が手に入るからと地産地消につながるからが同率で続き、准組合員では新鮮な農産物が手に入るから、地産地消につながるからが続いている。その一方で、価格が手ごろだからは正・准組合員ともに15％程度で高い割合とはなっていない。

こうした組合員の利用理由は、Ａコープが店のコンセプトとしている「農協のお店」とよく合致している。Ａコープでは国産を基本とする品揃えを図っており、特に生鮮食品については地元の鹿児島県産の充実化を図っている。そして「農協のお店」であることを象徴するのが、97年より各店舗に設置しているインショップである。18年度の売上額は約２億円で、Ａコープ全体の青果の売り上げのうちおよそ２割を占めている。出荷者はＪＡのインショップ部会加入者で、その部会員数は現在１０１２人となっている。Ａコープではこうした地元産を中心とする

表２　Ａコープを利用する理由（三つまで選択可）

	回答数（人）	回答割合（%）								
		店舗が近いから	価格が手ごろだから	新鮮な農産物が手に入るから	安全・安心な農産物が手に入るから	地産地消につながるから	ポイントが貯まるから	ＪＡには親近感があるから	顔なじみの職員がいるから	イベントが魅力的だから
正組合員	483	54.0	15.3	28.4	32.5	28.4	28.0	25.3	4.3	1.4
准組合員	660	53.9	15.5	42.1	31.1	41.4	34.1	12.7	4.4	2.1

資料：ＪＡあいらが実施したＭＳアンケートより作成。

品揃えをセールスポイントとしており、生鮮食品については低価格路線を敷いていない。その一方で、大手メーカーの食料品などは他店に対する店頭調査に基づいて競争力のある価格での販売を展開している。「農協のお店」を象徴するもう一つの取り組みとして挙げられるのが、店舗利用者懇談会である。各店舗では女性部役員やコアな利用者など10名程度をメンバーとする懇談会を設置しており、多い店舗では月1回、少ない店舗でも年4回は同会を開催している。そこでは、利用者としての立場からの意見・要望・苦情などを把握するとともに、Aコープマーク商品を中心とする研修なども行っている。メンバーの任期は1年で、これまでに多くの組合員・地域住民が同懇談会に参加しており、Aコープに対する結集力を高めるうえで大きな役割を果たしていると考えられる。

(2) つながりを広げるJADDOカード

さて、Aコープを通じて構築した組合員とのつながりを、さらに広げることに寄与しているのがJADDOカードである。JAあいらでは、従来生産資材購買とAコープそれぞれにおいてポイントカードを持っていたが、2013年10月にJAグループ鹿児島が「JADDOカード」を導入したのに合わせて、二つのカードを集約して同カードへ切り替えている。

JADDOカードは、JAグループ鹿児島の大半の事業がポイント付与の対象で、自JA以外の事業を利用してもポイントがつく。組合員新規加入や増資もポイント付与の対象となっており、非組合員でも会員となれるが、組合員のほうが高いポイントが付与される仕組みとなっている。ポイントの利用方法は、選択利用コースとAコープ利用券コースに分かれており、加入時に選ぶこととなっている。前者の場合は農協共通商品券、後者の場合はAコープ利用券が具体的に還元されている。

会員数をみると、導入間もない13年12月末時点では2万8698人であった。それが19年5月では9万26

５９人と大幅に増加している。管内人口は約21万人であるから、半数近い住民がカード会員になっている計算となる。組合員のカード会員率は64・７％となっている。

現在、選択利用コース会員が27・８％、Ａコープ利用券コース会員が72・２％となっている。このことから示唆されるように、カード会員の多くはＡコープの利用を通じて加入している。前述したとおり、ＡコープにおいてもともとＡ独自のポイントカードを持っていたが、ＪＡＤＤＯカードへの移行後に会員が爆発的に増加しているのは、それだけ同カードの魅力が高いためといえる。具体的には、ポイント付与対象がＪＡグループ鹿児島の大半の事業へと幅が広がっていること、さらには県内の飲食店を中心に同カードを提示すれば割引などの特典を受けられる優待店舗がおよそ１２０店存在することなどである。

同カードを通じて、事業の複合利用が促進されていると考えられる。**表３**はＭＳアンケートの結果から事業の利用状況を示したものだが、同ＪＡにおいては正・准組合員ともに「営農＋信共＋生活」の複合利用者が最も多くなっている。また、全国１１３ＪＡと比較すると、「営農＋信共＋生活」は正組合員では13・２ポイント、准組合員では19・２ポイント高くなっている。その一方で、「信共＋生活」は正組合員において全国より11・２ポイント低く、「信共」は准組合員において全国より12・９ポイント低くなっている。

ＪＡはカードの使用履歴から、これまで不特定多数の利用者であったＡコープ利用者のＪＡとの関わりを把握することが可能となる。実際にＪＡあいらで

表３　事業の利用状況

		回答数（人）	構成割合（％）							
			営農＋信共＋生活	営農＋信共	営農＋生活	信共＋生活	営農	信共	生活	利用していない
正組合員	全国113ＪＡ	67,334	57.8	10.0	0.7	14.5	2.3	8.2	1.9	4.6
	ＪＡあいら	483	71.0	14.3	0.2	3.3	3.7	3.3	1.9	2.3
准組合員	全国113ＪＡ	80,175	27.8	2.9	1.0	44.5	0.4	16.2	4.0	3.3
	ＪＡあいら	660	47.0	0.8	1.8	42.9	0.8	3.3	2.0	1.5

資料：表１と同様。

は、カード会員のなかから組合員未加入者を抽出し、訪問を通じた加入促進などを進めている。また、女性部の活動発表会、農協まつりなどに対して来場ポイントを付与しており、活動参加を促すツールとしても活用している。同カードは、Aコープでのつながりを他の事業や活動などへ広げるツールとして大きな役割を担っているのである。

(3) 全戸訪問活動を通じた組合員とのコミュニケーション

前述したとおり、JAあいらにおいては親しみや理解などの意識点も高くなっている。ここまでみてきたAコープやJADDOカードも少なからず組合員の意識に影響を与えていると想定されるが、より直接的に意識点の向上に寄与していると考えられるのが全戸訪問活動である。同JAの全戸訪問活動は2011年度にスタートし、その後進め方や内容などの見直しを重ねて今日に至っている。

現在、準職員・臨時職員を含む全職員が全戸訪問活動に従事している。訪問先は正・准組合員全世帯と員外世帯の一部、訪問日は毎月第2土曜日の午前中としている。職員の安全面への配慮や確実な実施などの観点から二人一組での訪問を原則とし、各ペアは80戸程度の世帯を担当している。同JAでは全職員を集落とのつなぎ役とする集落担当制を敷いており、各職員は自分の担当集落内の組合員を訪問するのが原則となっている。毎月全世帯を回るのではなく、正組合員については年3～4回、准組合員については年1回を原則とし、それ以外は必要に応じて訪問先を選択するようにしている。

訪問の基本的な目的は組合員とのコミュニケーション・ふれあいを図ることである。同JAではコミュニケーションの活発化のために自己紹介カードを年度当初に配布し、まずは訪問する職員のことを知ってもらうように努めている。また、毎月統一活動テーマを設けるようにしている。例えば、年金友の会の行事案内、JADDOカードポイント残高案内による利用促進、支店イベントの周知などである。このように、全戸訪問活動はさまざまな事業や活動の情報を組合員に伝える役割も担っている。

訪問実績をみると、17年度においては未実施の月もありやや少ないが、ＪＡ全体で訪問件数は延べ２万２６０２件、うち面談件数は1万２９３４件、面談率は57・２％となっている。組合員から出された意見・要望については、各職員が報告書に記入して提出することとなっており、支店を通じて本所の経営企画室へ回付される。同室は意見・要望の整理を行い、企画会議などを通じて担当部署へつなぐ。これを受けて、担当部署は実際の対応を行うとともに、その結果を経営企画室へ報告する。これが一連の流れとなっているが、緊急を要する意見・要望については速やかに担当部署につないで対応を図ることとしている。このようにして、全戸訪問活動は組合員にとっての意思反映の場ともなっている。

(4) 女性シルバー世代が結集する女性部

① 組織の概況

ＪＡあいらの女性部は、２０１９年5月現在、部員数が１１３６人となっている。全国のＪＡ女性部と同様に部員の高齢化や役員を務めることへの忌避感などから、部員数は緩やかに減少を続けている。１１３６人の部員のうち、正組合員は１２７人（11・２％）、准組合員は２３１人（20・３％）で、員外が７７８人（68・５％）と多数を占めている。同ＪＡによれば、員外の半分以上は組合員家族である。

組織機構をみると、本所の本部の下に統括支店単位の12支部がおかれており、支部の下には集落単位の班がおかれている。班の数は１２０で1班当たりおよそ10名である。同ＪＡでは毎年会費を払った人を部員としてカウントしており、いずれの部員も班に所属するのが原則である。各班は班長を出すこととなっており、班長は支部の役員を構成する。各支部は支部役員のなかから支部長、副支部長、会計の3役を出すこととなっており、支部長は本部の委員を構成する。同委員のなかから本部の部長・副部長らが選ばれている。

このように、同JAの女性部は班─支部─本部という地縁に基づくラインが組織の骨格を成している。その一方で、12年度からはJA全体でのフレッシュミズを立ち上げている。現在部員数は15人で、その大半は40歳代から50歳代となっている。

また、10年度から自主活動グループも展開している。同グループは部員の自主的な活動の促進を目的としており、5名以上の構成員で代表者を1名選出すること、5か月以上の活動を行うこと、活動内容が文化的であること、本部・支部の活動に参加・協力することなどを条件としており、設立が認められると、1グループ当たりJAから年間5000円の助成が行われている。なお、フレッシュミズも自主活動グループも女性部加入は必須条件である。

活動の中身をみると、本部と支部の活動は月1～2回程度で、総会、スポーツ大会、加工品作り、健康に関する学習、年金受給日のおもてなし、食農教育活動などとなっている。フレッシュミズはアロマや料理などをテーマとする年2回程度のセミナーとスポーツ大会、自主活動グループはダンス、三味線、グラウンドゴルフなどそれぞれの関心のある多様な活動を展開している。

② 活動の特徴とJAのサポート体制

表4は女性部加入者の意識点と行動点を示したものである。女性部加入者全体の意識点小計は21・4点、行動点小計は42・6点でどちらも同JAの正組合員平均より高くなっている。また、女性部加入者の准組合員だけをみても、大半の項目で正組合員全体より高くなっている。特に組合員組織加入・意思反映・運営参画の点数の高い点が注目される。これは、女性部以外に年金友の会にも参加し、それら組織の役員経験を有していること、さらに総代会前地区別説明会などにも参加していることを意味している[(5)]。

このように女性部員は准組合員においてもアクティブ・メンバー化が進んでいる。これは同JAが時代に即して女性部のあり方を変えてきているためと考えられる。もともと女性部は班を通じて共同購入の回覧・とりまとめを行っており、それが結集軸であった。かつてほど強力に同推進を行っていないもののいまも班は残っており、班―支部―本部の地縁を軸とするラインが女性部の結集力の基礎を成しているのは確かである。しかしそれ以上に現在メンバーのアクティブ化を促進しているのは、自主活動グループの存在と考えられる。

18年度においては、58グループが設立されており、延べ登録人数は５４８人となっている。大半のグループは、支部を越えるようなメンバーで構成されることはないものの、班は横断する形で設立されている。このことは、現在の統括支店単位の支部では大きすぎるが、集落単位の班では小さすぎること、そして気の合う少人数の仲間と好きな活動を実施できる同グループが魅力的なものになっていることを示唆している。同ＪＡによれば、18年度における新規部員は１０８人であったが、その多くは自主活動グループへの参加を契機として加入している。

一方、こうした自主グループの活動ばかりになれば女性部がバラけていくことが懸念されるが、同ＪＡの場合、ミニバレーボール大会、グラウンドゴルフ大会、エコファッションショーなど支部―本部のラインで展開する取り組みも活発である。また、16年度からは女性部員の発案で女性部を主体とする女性まつりを開催している。このお祭りでは、女性部員による出店が並ぶとともに、ステージ上ではダンスや三味線、エコファッションショーなどが披露された。来客数は約２５００人で女性部員はほぼ全員が集まっている。

表４　女性部加入者の意識点と行動点

		回答数（人）	意識				行動							
			親しみ	必要性	理解	小計	事業利用			活動参加	組織加入	意思反映	運営参画	小計
							営農	信共	生活					
女性部加入者	全体	67	8.0	8.3	5.1	21.4	3.1	4.8	5.7	8.1	8.4	6.2	6.3	42.6
	正組合員	29	8.3	9.1	5.5	22.8	4.4	5.4	6.0	7.8	8.3	7.2	6.9	46.0
	准組合員	38	7.8	7.8	4.7	20.3	2.2	4.4	5.5	8.4	8.4	5.4	5.8	40.0
正組合員全体		483	7.2	7.6	5.4	20.3	4.9	5.1	5.4	4.7	4.8	4.7	5.5	34.9
准組合員全体		660	7.2	6.9	5.0	19.0	1.7	3.9	4.2	3.0	1.9	1.3	1.2	17.2

資料：表２と同様

他方、ＪＡ側の関わり方も重要な役割を果たしていると考えられる。現在、本部や支部については、本所総務部くらし広報課の生活指導員４名が事務局を務め、それぞれの活動をサポートしている。一方、自主活動グループの活動の場は主として統括支店であり、統括支店長や支店の金融共済課長などが同グループに対する窓口役を務めている。統括支店長は支部での活動についてもサポートに当たっている。さらに常勤役員との直接的な意見交換を行うために、「女性部とＪＡ役職員との語る会」も実施されている。このように同ＪＡでは、本所・支店の役職員一体となって女性部を支えようとしている。

女性部員はＪＡに対して協力的であり、例えば支店で開催する年金受給日のおもてなしや地域貢献活動には主催者側の一員として参加している。女性部員の「わがＪＡ」意識が高いことの象徴といえるだろう。

3．組合員・利用者との関係強化に向けた組織対応

(1) 結集力強化戦略に至る経過

まず、結集力強化戦略の策定に至る経過を確認しておこう。ＪＡあいらでは２００４年以降に支店再編を段階的に進めた。それは一方で事業面における専門性の強化などをもたらしたものの、他方で支店の活動拠点としての性格を弱め、「支店の職員は知らない人ばかり」などの声がよく聞かれるようになった。また、管内では地銀などとの競争が激化しており、そのなかでいかに差別化を図るか、さらには増加を続ける准組合員との関係強化をどのように進めるかも課題として考えられるようになった。

こうした状況を受け、同ＪＡでは09年度に統括支店に複合渉外を設置して出向く体制を整備、10年度からは毎月第２水曜日に統括支店・支所での地域清掃活動をスタート、11年度には正職員を中心とする全戸訪問活動にも着手するなど、ＪＡの存在感を高めるための取り組みを矢継ぎ早に導入した。13年度からの第８次中期３

か年計画においては、主要施策として「JAと地域のきずなを深める活動の展開」を掲げ、これに基づいて統括支店・営農センターなどは食農教育、年金受給日のおもてなし、地元イベントへの参加などを具体的な中身とする地域貢献活動を開始した。

こうした動きのなかで、同JAの自己改革プランと位置づけられている16年度からの第9次中期3か年計画においては、「地域農業と協同組合の理念を深める運動の展開と、支店の活性化等を通じた組合員の結集力強化」を掲げ、これまでの取り組みを結集力強化という観点からより組織的に展開していくこととした。また、この3か年計画のスタート後に自己改革に対する組合員の評価を問う組合員アンケート調査などの動きが本格化し、従来に増してスピード感を持って組合員・利用者との関係強化を図る必要性が高まった。こうしたことを背景として、17年度より取り組むこととしたのが結集力強化戦略である。

(2) 結集力強化戦略の概要

同戦略ではまず組合員のあるべき姿を明確にしている。正組合員は「地域農業の主役」、准組合員は「農業と地域を支えるパートナー」である。例えば、准組合員のあるべき姿にかかる説明文をみると、「JA事業を利用し活動に参加することで、地域農業や暮らしを支えるパートナーの役割を担います。（中略）さらに、支店を核とした協同活動で地域活性化を図るパートナーとなります。（中略）准組合員は、正組合員とともに地域を支えます。」と記されている。

このように組合員のあるべき姿を明確にしたうえで、関係強化を図る対象を農業者、准組合員、組織活動参加者、地域住民の4者に区分し、それぞれに対する関係強化策を提起している。このうち准組合員にかかる強化策は**図1**のとおりとなっている。実際の文書においては、「3．関係性強化の視点」で示される4項目について、それぞれの具体化に向けて検討すべきポイントも示されている。ここでは准組合員との関係強化策だけを示したが、こうした方針が農業者、組織活動参加者、地域住民についても示されている。

あるべき姿を明確にし、そのうえで対象者別にそれぞれの現状を踏まえた対応方向を整理している同ＪＡの結集力強化戦略は、戦略と呼ぶのにふさわしい内容といえるだろう。

(3) 行動計画に基づく戦略の具体化

さて、同戦略の特筆すべき点は、戦略の内容もさることながら、それを具体化する行動計画を25部署（本所８部１室、12支店、４営農センター）が策定・実践し、経営企画室を統括部署とする組織的な進捗管理を図っていることである。

行動計画に盛り込む取り組みは、全部署共通のものと各部署独自のものに大別される。２０１８年度の場合、全部署共通の取り組みは経営企画室が中期計画を踏まえて提案しており、「全職員１地域活動参加運動」「組合員との徹底した話し合いの実施」「ＪＡＤＤＯカードデータ等各種情報を活用した組合員加入促進、事業利用拡大の実践」「組合員・利用者との関係を深める活動の取組指針の策定・実践」「よりよい関係を構築するための出迎える店舗づくりの実施」の五つとなっている。

図１　准組合員との関係強化策

１．加入の態様
（１）貸出など事業利用に際して准組合員に加入
（２）ＪＡＤＤＯカード利用に際して准組合員に加入
（３）女性部員として組合員加入運動に賛同して准組合員に加入
（４）持分譲渡、相続により准組合員に加入
２．対応の現状
（１）准組合員加入に際して組合員資格・事業案内等のチラシを配布しているものの、渉外が重点的に訪問するなどの、加入以降の特段の働きかけを実施していない。
（２）ＪＡＤＤＯカードの戦略的活用のなかで、一部ＤＭ等の対応がされているものの、十分といえる状況にない。
（３）准組合員を対象としてイベントや事業案内など、統一的、継続的に実施している状況にない。
３．関係性強化の視点
（１）准組合員加入者（加入理由がいずれであれ、新規加入者）に対する一定の接触ルールを確立する必要がある。（どこの支店であれ、同じ対応がとられること）
（２）事業利用を複数化、深化させるための共通のルールを検討する。
（３）ある一定の要件を備えた准組合員に対するイベントの提供など意思反映・運営参画を促進する方策を検討する。
（４）准組合員全般に対する情報提供のあり方を検討する。

資料：ＪＡあいら「平成30年度組合員・利用者との関係性（結集力）強化に向けた取り組み方策について」より抜粋。

各部署独自の取り組みは、二つ以上計画・実践することとなっており、その中身については、「農業融資メイン強化先訪問」のように事業性の強いものもあれば、「霧島国分夏まつりへの参加と錦江湾クリーンアップ作戦」のように事業との直接的な関係は持たないもの、さらに「いけいけ青年部会」のように組合員組織を対象としたものもある。

各部署は次年度の行動計画を2月に経営企画室に提出している。そこでは、一つ一つの取り組みについて、対象者（農業者・准組合員・組織活動参加者・地域住民のいずれか）、実施時期、具体的な実践内容などを明記している。

実際に年度が始まると、各部署は四半期ごとに計画に掲げた各取り組みの実践状況を4段階で自己評価し（A達成、B概ね達成、C取り組み不足、D未取り組み）、実施状況が悪い場合はその理由などと併せて報告している。報告を受けた経営企画室はそれを集約し、同室が事務局を務める四半期に1回の自己改革推進会議（常勤役員、各部長、支店長、営農センター長が出席）を通じて進捗状況の組織的な管理を図っている。

(4) 経営企画室の役割発揮

結集力強化戦略の展開においては、本所の統括部署である経営企画室の果たしている役割も大きい。現在、同室は室長を含む6名で構成されている。自己改革に関わる各種取り組みの企画を中心業務としており、その中身は先の結集力強化戦略の内容から示唆されるようにかなり緻密なものとなっている。同室ではこうした企画だけでなく、現場の実践のとりまとめも行っている。その事務負担は重いものとなっているが、組織内での各部署の取り組み状況が「見える化」され、部署を越えた情報共有や組織的な進捗管理が図られている。

また、同室では現場の新たな取り組みに対するサポートにも力を入れている。例えば、同JAでは近年支店まつりの全支店での開催を進めており、その具体化に当たっては、既存の実施支店での取り組み状況などを踏まえて進め方にかかるポイントを文書化し、さらに新規着手に向けて手を挙げた支店に対しては開催の2か月ほど前から頻繁に出向き、準備から祭り当日まで現場の職員とともに汗を流すなかで一つのイベントをつくりあげている。こうした経営企画室の献身的な姿勢も、結集力強化戦略に対する現場の求心力を高めるうえで大きな意味を持っていると考えられる。

(5) 多様な媒体を用いた情報発信

組合員や地域住民との関係強化を図っていくさいに、JAの存在や取り組みに対する認知状況が重要となるのは当然のことである。そのため、JAあいらでは結集力強化戦略と並行して広報活動にも力を入れている。まず、広く一般向けの広報としては、コミュニティ誌『あいらいく』の年2回の発行・配布、姶良市や霧島市の市役所電光案内板でのJAのPR、SKYMARK機内誌や鹿児島空港でのイベントを通じた地元農産物のPR、JA支店窓口でのJA紹介DVDの放映、SNSを使ったJAのイベントや旬の農産物の情報発信などが挙げられる。

また、同JAのマスコットキャラクターを広報大使と位置づけ、JA以外のイベントなどにも出向いてJAのPRに努めているほか、職員は有志で「ふるさとの食と農のお届け隊」を結成し、管内農畜産物の販促活動などを行っている。このように、同JAの一般向けの広報はきわめて充実している。

一方、組合員向けの広報としては、月1回広報誌および支店だよりを発行・配布しており、JAの動向や身近な店舗などの情報をタイムリーに伝えている。

また、今般の自己改革では取り組み状況の「見える化」が問われたこともあり、同JAでは「JAあいら自己改革への挑戦」と題した資料を作成し、そのなかで農業者の所得増大をはじめとする目標別の実践状況をわかりやすく紹介しているほか、准組合員の役割について、**図2**に示されるような漫画を用いた冊子を作成し、各種の組合員参加の会合のさいに配布・説明している。このようにＪＡに対する理解を深めるための媒体が充実していることも、同ＪＡの広報活動の特徴といえるだろう。

⑹ フィードバックを意識した対話の展開

結集力強化戦略に基づく行動計画においては、全部署共通の取り組みとして「組合員との徹底した話し合いの実施」を定めている。組合員との関係強化を図るうえで、やはり直接のコミュニケーションに勝るものはないといえる。

ＪＡあいらでは従来から全戸訪問活動などに取り組んできたが、結集力強化戦略を通じて、さらにさまざまな訪問活動や会合における対話が強化され、組合員から寄せられる意見・要望は大きく増えた。そのため、それぞれ別個にとりまとめや回答を行うのでは、組織全体としての進捗管理が図りにくくなった。そこで２０１８年４月からは、意見・要望ならびに回答を一つに集約し、ＪＡ全体としてのさらなる情報共

図２　准組合員の役割紹介にかかる冊子

資料：ＪＡあいら資料より（抜粋）。

図3　広報誌を通じた意見・要望への回答

Q 硫黄山噴火による影響への対策はどのように行ったのか？

A 川内川流域では、湧水町管内で220haが稲作中止に追い込まれました。これまで、当JAでは、災害対策本部を立ち上げ、予約注文者を中心に肥料・農薬のキャンセルの受付、播種準備のために使用した種籾や作付け出来ない種籾の無条件返品に応じました。また、肥料・農薬について配達済みのものは不要であればこちらから取りに伺いました。
次に、国への要請を県・町と連携し、県選出国会議員や関係省庁へ中央要請を行いました。

Q 災害支援対策積立金とはなにか？

A 新燃岳や硫黄山、桜島の降灰をはじめ地震・台風・口蹄疫等による自然災害を想定し、農家組合員の営農の継続が困難になるなど、経営に支障が出た場合に緊急支援が行えるよう積立目標額を2億円として、本年度5千万円の災害支援対策積立を行っています。組合員に対し、緊急支援を行う場合、理事会の決議により必要と認めた額を取り崩すこととしております。
なお、川内川以外の河川の汚染についてもご意見を伺っていますが、霧島市では管内の水道の水源、河川、温泉等の水質検査の実施、並びに農業用水の取水口における水質検査結果については、全てにおいて環境基準の範囲内であった事が霧島市のホームページにて公表されております。

今後検討して参ります！

Q 第12回鹿児島全共への取り組みはどのように進めていくのか？

A 4年後霧島市で開催される第12回全国和牛能力共進会対策は、対策協議会を関係機関と5月に設立しました。今後、役職員、畜産関係者をはじめ、商工業や観光業等の関係者など、幅広い分野の方々のご協力をいただきながら、総員体制で取組みを進めてまいります。

Q 子会社設立準備室では、どのような事業を検討していくのか？

A 管内農業生産の拡大に繋がる担い手への支援、新規就農者の育成、高齢農家の労力軽減、遊休耕作地の活用等について昨年12月まで「子会社設立検討特別委員会」にて、子会社化による事業展開の可能性について検討してきました。それらを受け、平成30年4月より子会社設立準備室を設置し、子会社設立に向けて具体的に進めております。

ご理解ご協力をお願いいたします

Q 移動販売車や移動金融車に多くの地区を回ってほしい。

A 運行ルートにつきましては、高齢化・人口減少を背景に地域商店の閉店、廃業により居住近隣に徒歩で生鮮品等の生活必需品を買う事が困難な地域を中心に設定しておりますが、賄いきれていない事も実情であります。
今後も適時運行における分析を行い、コース見直しを図りながら地域の皆様のお役に立てるよう検討を進めて参りますので、ご要望の地域（停車場所）がありましたら参考にさせて頂きます。

Q JA-SSについて、セルフスタンド並の価格にはならないか？

A セルフSSは人件費が少なく済むことから、価格に転嫁し安くしておりますが、それ以外のSSは営業成績と近隣相場等を勘案しながら、随時見直しを実施しております。セルフSSとの価格差をなくすことは困難でありますので、ご理解賜りたいと思います。

その他お問い合わせ事項

Q 休眠預金活用法が施行されたが、払い出しはできるのか？

A 平成31年1月以降に休眠預金として10年経過したものは預金保険機構に収め、国が民間公益活動に活用することとなりました。もし、ご利用者の貯金が休眠預金として預金保険機構に納められたとしても、払い出し請求があった場合は、JAが預金保険機構に請求しお支払いします。また、これまでJAが受け入れたものはJAでお支払いいたしますのでご安心ください。

総代会前地区別説明会で出された意見要望と今後の取り組みについて

平成30年5月に各地区にて総代会前地区別説明会を開催いたしました。
［91会場、合計1,394名の組合員・地域住民の皆さまがご出席くださいました。］
地区別説明会において皆さまよりいただいた意見・要望の中より一部を抜粋し、回答と進捗状況・今後の取り組みについてまとめさせていただきましたので、ご報告いたします。
また、7月末から8月上旬にかけて、第3回目となる組合員・認定農業者の皆さまとJA役職員との語る会を各地区で実施する予定ですので、皆さまのご参加をお待ちしております。

ご要望にお応えしました！

Q Aコープや物産館に時々野菜を出しているが、正組合員資格は満たしていない。資格基準の見直しはできないか？小規模農家にも目を向けてもらいたい。

A 昨年9月実施の第1回組合員・認定農業者の皆さまと語る会においても意見が出されていたことから、今年の総代会にて定款変更を行い正組合員資格の要件を緩和いたしました。
≪定款変更内容：JAあいら管内で5アール以上の土地を耕作している方、もしくは年間60日以上農業に従事されている方は正組合員となれます。※現在、県に認可申請中であり、認可が下り次第となります。≫
これまで正組合員に加入できなかった自給的農家・小規模農家の皆さまの加入により、地域のより多くの農家の方々の意見を反映させた農協経営を進めることで、更なる地域の農業振興に寄与していきたいと考えております。

Q 広報誌に相続の豆知識が載っており、ご不明な点は、最寄りのJA窓口にご連絡下さいと書いてある。どの支店窓口でも対応可能なのか？

A 平成29年度に相続対策実施要領を定め、全支店で相続相談対応を実施しています。
また、相続相談に対応できる職員を養成する取組みとして、ファイナンシャルプランナー資格取得に取り組んでおり、現在FP2級資格取得者7名、FP3級資格取得者が65名在籍しております。
今年6月末には相続にまつわる「終活セミナー」を姶良地区で初めて開催し、大変好評で問い合わせ等多くいただいておりますので、今後開催場所を増やして実施していく予定です。

現在取組み中です！

Q 農機具の処分をしたいがどのようにすれば良いか？

A 中古農機として再利用できるものは委託販売方式により展示会への出品や、販売の取組みを行っております。中古農機情報等については、お気軽に農機具センターにご相談下さい。
（総合農機センター ℡:0995-59-3887）

Q 購買窓口や農機具センターを土日も利用できるようにしてほしい。

A 5月～10月の期間、西部営農センター購買課（姶良地区）で土・日・祝日の午前中営業、中部営農センター購買課（溝辺地区）で土・日の午前中営業をしています。また、農繁期や病害虫防除速報が出された際などは拠点購買店舗にて営業時間の延長も行っておりますので、ぜひご利用ください。さらに、農機具センターにおいては、農繁期の6月と10月、土・日営業ならびに、営業時間を2時間延長し午後7時まで対応しています。また、年間を通じ土・日は電話による受付も行っておりますので、ご利用の際はお気軽にお電話ください。

Q JAあいら管内の米や茶のブランド化を図り、海外へ向けて販売をしてほしい。

A 米のブランド化について、霧島管内においては「霧島そだち」、湧水町管内においては、行政で商標登録している「湧水ヒノヒカリ」、業務用米では新品種の「あきのそら」の販売強化に取組んでおります。
茶のブランド化については、霧島茶の地域団体商標登録の認可に向けて手続きを進めながら6次化商品の開発も進めています。海外への販売取組みについては、現在有機茶の面積を拡大させながら、関係機関一体となった取組みを進めています。

資料：ＪＡあいら広報誌より。

有を図ることとした。

対象とする会議・訪問活動は、「各生産部会（協議会含む）総会」「女性部・青年部総会」「各年金友の会総会」「総代会前地区別説明会」「協力員（産業部長・小組合長）会」「認定農業者・組合員と語る会」「ＴＡＦ（担い手づくり担当チーム）巡回」「メイン強化先巡回」「大口先巡回」「その他、組合員等を参集する会議等すべて」となっている。

これらの場を通じて収集した意見・要望のうち、組織として回答すべきものについて担当部署は、その詳細を共通のフォーマットに記入して経営企画室に提出し、それらは常勤役員・各部長・支店長・営農センター長が出席する翌月の経営企画合同会議で報告され、組織的な共有化が図られている。さらに同ＪＡでは、とりまとめた内容を広報誌やホームページを通じて組合員に対しても積極的に情報発信している。

図3は18年7月の広報誌に掲載されたものだが、組合員から出された意見・要望への対応状況を「ご要望にお応えしました！」「現在取組み中です！」「今後検討して参ります！」「ご理解ご協力をお願いいたします」などに大別し、組合員にわかりやすく伝えている。同JAにおいては、組合員の意見・要望への対応がじつにていねいかつ充実しているといえよう。

(7) 組織の一体性を支える職場の風土改革

以上のようにJAあいらでは結集力強化戦略が組織的に展開している。同戦略の具体化に当たっている現場の職員が多忙をきわめていることは容易に想定されるところであるが、そうした状況にあっても組織が一体となった取り組みを展開できているのには、近年同JAが取り組んでいる職場の風土改革が与えている影響も小さくないと考えられる。

同JAでは近年若手・中堅職員の離職率が高まる傾向にあったこともあり、2015年度に外部のコンサルタント会社を通じて職場健康診断を実施している。その結果に基づいて、すぐに実践することとしたのが「コミュニケーション活動」である。この取り組みでは、部署内会議などを通じてコミュニケーションの活発化に向けた具体策を計画することとなっており、実際の取り組み内容としては、職員研修旅行、ボウリング大会などのイベントが多い。参加した職員には一人当たり1万5000円の助成が行われている。

また、同JAでは職場健康診断の結果を受けて職場活性化委員会を設置している。同委員会は各部署から選出された10名程度で構成され、総務課が事務局を務めている。これまでに同委員会からの提案に基づいて「すまいるプロジェクト」「新採用世話係制度」「あいさつ運動」「自己紹介ボードの設置」などが実施されている。

さらに同委員会は、18年度より経営企画室と合同で年1回の「役職員事業推進決起大会」の企画・運営も行っており、同委員会メンバーからの提案で、説明者を各部長から係長クラスへ変更するとともに、目標数値ではなく、なにを目指すのかを説明するようにし、さらにサプライズ企画として次第には入れていない定年退職者のお祝いなどを行っている。現場目線で職員の士気を高めるための見直しが図られているといえよう。

こうした取り組みに対して職員からは好意的な声が多く聞かれており、離職率は実際に大幅に下がる傾向を示している。JAあいらの組合員との関係強化を目指した結集力強化戦略は、職員間のコミュニケーション強化をはじめとする職場の風土改革と同時進行で展開しているのである。

【注】

(1) JAあいらにおける同調査は、2017年9月に実施されている。組合員台帳より正組合員1000名、准組合員2000名を無作為抽出し、郵送にて配布・回収を行っている。回答人数は正組合員483名、准組合員660名で、回収率はそれぞれ48・3%、33・0%となっている。

(2) 第4章の章末注(1)と同様。

(3) 同JAのMSアンケートの結果によると、組合員組織への加入は女性部と年金友の会で高くなっている。女性部への加入状況は、正組合員・女性65~74歳では31・0%、同・女性75歳以上では31・0%、准組合員・女性65~74歳では22・0%、同・女性75歳以上では18・2%、年金友の会への加入状況は、正組合員・女性65~74歳では61・9%、同・女性75歳以上では58・6%、准組合員・女性65~74歳では53・4%、同・女性75歳以上では60・6%となっている。一方、意思反映については、特に総代会前地区別説明会に出席経験を持つ人の割合が高く、正組合員・女性65~74歳では47・6%、同・女性75歳以上では34・5%、准組合員・女性65~74歳では22・9%、同・女性75歳以上では21・2%となっている。

(4) 第2章の113JAのなかで、基礎組織に該当する組織がないのはJAあいらを含めて9JAにとどまっている。なお、JAあいらにおいては各集落に協力員を設置しており、同協力員を通じて広報誌の配布などを行うとともに総代選出のさいの協力などを得ている。

(5) 女性部に加入している准組合員のうち、年金友の会の加入者は68・4%、総代会前地区別説明会への出席経験を持つ人の割合は34・2%などとなっている。

第７章

支店を拠点とする組合員とのつながりづくり

――石川県ＪＡ小松市と三重県ＪＡ三重中央の取り組み――

●はじめに

ＪＡグループは、第26回ＪＡ全国大会（２０１２年）において主題として「ＪＡ支店を核に、組合員・地域の課題に向き合う協同」を掲げた。この主題は組合員とのつながりづくりの拠点として、すなわち組合員政策の拠点としての支店の重要性を強調したものといえる。そして同大会を契機として、全国のＪＡに急速に広がったのが支店協同活動である。

支店協同活動は、「組合員・地域住民・役職員の三者が参画して行う、地域の元気づくりをめざす支店を拠点とした協同活動である。その活動は、教育文化活動をはじめ、くらしと営農、地域貢献など幅広い領域を含む」と定義される[(1)]。同活動は第27回大会（15年）で打ち出された「組合員の『アクティブ・メンバーシップ』の確立」においても、組合員のアクティブ・メンバー化を促す取り組みとして明示されるなど[(2)]、近年の自己改革のなかでも重要施策として位置づけられている。

ＭＳアンケートによると、ＪＡの支店を週に数回もしくは月に数回利用している組合員は正組合員で46・4％、准組合員で40・7％となっており、まったく利用していないのは正組合員で15・2％、准組合員で20・5％にとどまっている[(3)]。半数近くの組合員が月に数回以上訪問する施設は支店以外にないだろう。支店は組合員にとって最も身近なＪＡとの接点であり、そこでの取り組みが組合員とＪＡの関係性に大きく影響することは容易に想定される。

以上を踏まえて、本章では支店協同活動の背景や特徴について整理を行うとともに、石川県ＪＡ小松市と三重県ＪＡ三重中央を事例として取り上げ、そこでの支店を拠点とする取り組みの実態をみていくこととする。

1．支店協同活動の背景と特徴

支店協同活動は２０００年代に入って一部のＪＡで先駆的にスタートし、10年前後に福岡県では「地域密着活動」、静岡県では「1支店1協同活動」、兵庫県では「地域密着型支店づくり」などの名称で県下を挙げての運動となり、こうした動きのなかで12年、前述の「ＪＡ支店を核に、組合員・地域の課題に向き合う協同」がＪＡ全国大会決議の主題として掲げられた経緯を持つ。

この取り組みが00年代以降に活発化した主たる背景としては、次の二つが挙げられるだろう。第一には、支店の統廃合が急速に進展したことである。総合農協統計表によると、全国の支店および出張所の数は、１９８０年では１万３１７５、90年では１万３７２６、２０００年では１万３７９３と安定的に推移してきたのに対し、10年では８７２８と急速に統廃合が進展している。その影響が甚大であることは論をまたないだろう。

第二には、組合員の世代交代および准組合員の増加である。わが国の農協運動は長きにわたり昭和一桁層によって支えられてきたが、その世代交代がこの時期に最終局面を迎えた。その一方で、員外利用規制などの問題を背景として准組合員が顕著に増加し、09年度には正・准組合員数の逆転に至った。支店協同活動はこうした組合員構成の変化への対応策として期待されたのである。

全国のＪＡが取り組んでいる同活動の中身は四つに分類される(4)。第一は支店まつりや健康・スポーツ大会などの「イベント型」、第二は農業塾や地場産加工品づくりなどの「地域農業振興型」、第三は各種グループ活動や支店だよりなどの「組合員活動型」、第四は子育て支援や環境美化活動などの「地域貢献型」である。こうした活動はＪＡにおいて決して目新しいものではない。支店協同活動の特徴はその中身よりも進め方にある。

一つには、この取り組みが「支店行動計画」と呼ばれる計画に基づいて実践されていることである。計画の中身はＪＡによってさまざまだが、単に具体的な活動を記すだけでなく、一つ一つの活動について目標、実施時期、達成水準、予算などを明記している場合が多い。ＪＡからは同計画を導入した効果として、活動にかかる進捗管理の強化、支店間の競争意識の喚起、支店内のコミュニケーションの活発化などがよく聞かれている。

もう一つには、各種組合員組織の役員らによって構成される「支店運営委員会」を通じて支店行動計画を策定し、同委員会を中心とする活動、すなわち組合員の参画に基づく活動を目指していることである。支店運営委員会は多くのＪＡで設置されてきたが、ＪＡ側からの一方的な事業・経営などの説明の場となり、組合員の意思反映の場としての形骸化がしばしば指摘されてきた。そのなかで、支店協同活動は組合員にとって身近に感じられるテーマであり、同委員会の活性化が期待されているのである。全国のＪＡをみれば、協議の対象を支店協同活動だけに特化した「支店ふれあい委員会」の設置も進展している。

このように、支店協同活動は計画と参画に特徴がある。こうした特徴は、組合員と役職員が支店に集い、地域やＪＡのあるべき姿をともに考える格好の機会をつくりだしている。また、従来事業を中心とする担当業務一辺倒となっていた職員においては、協同組合としての組織の特徴をみつめ直すよい契機となっている。そして実際の活動には多くの組合員や地域住民が参加し、そこでのふれあいを通じて「わがＪＡ」意識を高めていると考えられる。支店協同活動は、まさに組合員政策の一つの柱を成すものといえるだろう。

では、次節以下で支店協同活動を中心とする支店での取り組みの実態を二つの事例を通じてみていく（なお、事例の内容はそれぞれ取材時のものである。ＪＡ小松市は２０１８年9月時点、ＪＡ三重中央は２０１９年４

月時点)。

2. ＪＡ小松市における全戸訪問と支店活動

ＪＡ小松市は、１９９９年に小松市内の４ＪＡが合併してできた、正組合員４９３３人、准組合員1万４６６４人の石川県下最大規模のＪＡである。管内農業は水稲中心で「蛍米」などブランド米を有し、作付規模は３０００ha、販売農家は約９００戸となっている。トマトの栽培、トマト加工品にも力を入れており、水稲＋園芸の産地が形成されている。

当ＪＡが立地する小松市は、産業機械大手 KOMATSU の発祥の地でもあり、企業城下町として発展してきた。近年は北陸新幹線の金沢駅の開通に伴い、小松市にも郊外型店舗の出店などが相次いでいる。

ＪＡ小松市は14年に家の光文化賞を受賞するなど活発な地域活動の展開で注目されている。

(1) 女性部内に目的型組織を、支店は年間活動計画を

ＪＡ小松市では、年々減少していた女性部のなかに、２００８年に「こまとくらぶ」という目的型組織を新設した。ＪＡ小松市女性部のなかには、①各支部、②健康福祉ボランティア、③加工部会（みそづくり、ＪＡあぐり販売）、④こまとくらぶ（料理教室などサークル活動）、⑤食農教育（わくわくキッズ農園など）があり、②～⑤は個人資格の会員制度である。既存の女性部員は１９９９年度に３２０８人であったものが２０１７年には１０３７人に減少しているが、個人会員制度を設けることで活動の活力を担保しているのである。地縁型の女性部のなかに新設された目的型サークルの「こまとくらぶ」の活動は活発であり、女性の力をＪＡの地域活動の原動力として位置づけている。

ＪＡ小松市には12の支店が存在するが、うち四つは町内の婦人会と女性部支部のエリアが一致しており、このような地域は既存の女性部の活動が成立しやすい。しかし、状況の異なる支店も多数存在する。合併ＪＡの宿命ともいえる支店管内の人口、年齢、性別構成の差異、つまり支店ごとの活力の差を超えて結集力を高めるためにさまざまな目的型組織を併存させることで対応しているのである。

このような活動の現場を支えるのが支店である。ＪＡ小松市では、支店ふれあい行動プランを支店ごとに作成し、さまざまな地域活動を実施している。その基盤は、管内に20ある小学校区であり、食農教育、体験農園、支店まつりなどを年間をとおしてスケジュール化し、支店職員総出で実施している。また、この活動内容の告知と報告を含め、ＪＡコミュニティー誌『ふれあい』を毎月発行し、組合員全戸に配布している。組合長は「地域活動こそがＪＡ経営の原動力」「組合員がＪＡに親しみをもつことが総合農協の強み」であり、そのための職員教育が必要だと指摘した。職員のはたらきに関しては、個人業績評価と地域活動評価のバランスが重要だとしている。また近年のＪＡ職員の特性に関して、非農家出身、小松市外の出身者が増加し、地域密着の活動をするうえで、地域と協同組合の教育が重要だと指摘された。

(2) 地域密着型支店づくりには地元をよく知る支店長（ＪＡは裏方に徹した地域活動）

松東支店は管内人口３１５９人、65歳以上人口40％と高齢化が進んだ中山間地域である。職員数は15人、うち男性職員７人。管内には小学校３校、中学校１校があり、学校ごとに農業体験などの食農教育活動を支援し、そのさいのおにぎり、もちつきなどＰＴＡや町内会の活動を支援している。ここで重要なのは「支援」という観点である。支店長によると、あえてＪＡを前面に出さずにあくまでも地域の活動を後方から支援することに徹しているということである。例えば、町内景観の向上のために沿道に花壇を作るさいに支店は苗や資材などを用意し、活動は地域住民の主体性を重視する。田植えのさいのおにぎりなども支店が用意することも可能であると思われるが、あえてＰＴＡ組織を巻き込んで実施するとのことである。筆者もさまざまなイベントなどを実施したことがあるが、単独で完結したほうがはっきりいってやりやすいものである。多様な組織や団体と関係を構築するには意見の相違や立場の違い、費用の持ち方などさまざまな調整が必要である。しかし地域に密着するＪＡの支店の場合、そのステークホルダーは地域住民であり、その延長線上に組合員が存在する。この調整費用をあえて払うことは、費用ではなく投資としての意味を持ちうるのではないか。このような活動が支店運営委員会の活力にもつながっていく。

ＪＡ小松市では、支店長が地域のことをきわめて詳細に把握している。支店長はこの松東地区出身であり、２０１６年に松東支店長として赴任してきた。支店運営に関して、組合長は、近年は地域のことがわかる人材を戦略的に支店長に任命していると話していた。地域活動の拠点として支店を位置づけるためには、地域と密につながる必要がある。そのミッションを果たせる人材とそれを遂行するためのモチベーションを維持するためになにが必要か、前述の組合長が指摘していた地域活動と業績評価のバランスをとるための仕組みのヒントは、意外とこのようなＪＡ職員の原点にあるのではないか。

(3) 経営主義から組織運動へ、地域活動先進ＪＡからの横展開

ＪＡコミュニティー誌『ふれあい』を全戸手渡しで配布するという外務活動や、小学校すべてで食農教育活動を行うことで支店ふれあい活動の核をつくるというＪＡ地域戦略などが、現在実を結んでいるのがＪＡ小松市である。広報誌を組合員全戸に手渡しするなどの地域活動を実施しているＪＡはほかにも存在するが、多くは、合併前から数十年にわたって実施してきたＪＡであり、その原型は予約購買や通帳記帳など御用聞きが実施できた時代、実施可能な範囲のＪＡ規模であったというように歴史性、地域性など条件がある場合が多い。しかし、ＪＡ小松市は、ここ10年の間にさまざまな地域活動を展開し、その定着に成功している点が注目され

る。担当専務によると、これまでに金融部長、総務部長などを歴任し、専務自身の言葉では、事業・経営畑に特化したタイプのＪＡ職員であったという。つまり、裏を返せばもともとはＪＡの地域活動や教育文化活動に関心は高くなかったということになる。

地域活動に傾斜した契機はなんだったのかを聞くと、２００８年に家の光協会のセミナーに参加したことがきっかけだったという。当時、正組合員の高齢化のなかで、事業目標を達成するための事業推進に限界を感じ、また女性部が衰退していく状況を目の当たりにするなかで、組織運動の重要性に気づかされたというのである。ＪＡにじの〝星の数ほどグループ活動〟からヒントを得て女性部活性化委員会を設置（11年）し、ＪＡ福岡市の支店活動からＪＡ小松市支店ふれあい活動プラン（12年）を策定したとのことである。実際にＪＡの担当部長を招聘《しょうへい》し講演をお願いしたり、先進地への視察を行うなかで、先進ＪＡの事例をいかに小松市で展開しうるかを考え、全支店への普及・波及を考慮した組織運動を行うことに舵《かじ》をきったのである。

このためには職員の意識改革が大きな鍵となる。その方法に関して、担当専務は、半分冗談も込めて、「子どもたちへの食農教育の重要性、組織運動の広がりがやがて総合農協の事業へと波及することを支店長を集め洗脳してきたんだ」とおっしゃっていた。結果として14年の家の光文化賞受賞、その後、農協組織基盤、経営状況も安定化するなかで手ごたえを感じ、それがさらなる組織運動、地域活動の推進へとつながっている。

ＪＡグループという巨大組織は、まだまだ有効に活用しうる資源を有している。ＪＡ小松市が家の光協会セミナーの参加に始まった二つの先進ＪＡの取り組みを取り入れる過程は、まさしく効果的なシステムの横展開であり、その普及こそが全国組織の機能と役割である。ＪＡが横のつながりのない閉鎖系組織であれば、地域の衰退がイコール組織の衰退に直結する。民間企業であれば、コンサル会社と契約し組織・事業を刷新するか、事業売却など身売りをすることになる。しかし、地縁型の属地組織であるＪＡはそうはいかない。ＪＡの撤退は農村の消滅を意味するといっても過言ではない。だからこそ、地域活性化のためにいかに事業、経営、組織を立て直すかにすべてのＪＡが尽力している。そのヒントは、やはり同じ総合農協であるＪＡしか持ち合わせていないのである。全国にはおもしろい取り組みを行っているＪＡが数多く存在している。その生きた情報をいかに必要としている現場に届けるか、ここに全国組織の存在意義がある。ＪＡ小松市はみずからの気づきと努力を重ね、横展開に成功した貴重なＪＡである。10年で変われることを証明した。次はＪＡ小松市発の新しいネットワークを期待したい。

3．ＪＡ三重中央における支店を中心とした新たな時代の協同組合経営

ＪＡ三重中央は、１９８９年に三重県津市の４ＪＡが合併して誕生。正組合員６３２７人（うち女性１２９３人）、准組合員７２５５人（うち女性２５６６人）である。管内は水稲とキャベツなど園芸の産地であり、２００６年に建設した「ベジマルファクトリー」では、カット野菜の販売（17年度11・８億円）や農産加工品の開発・販売を行っている。

ＪＡ三重中央は女性組合員の増加や、地域主体の支店ふれあい委員会および地域ふれあい活動の展開で注目されている。

⑴ 地域主体の支店ふれあい委員会に女性、准組合員の力を

ＪＡ三重中央では組合員とＪＡの話し合いの場を三つの段階で設けている（表1）。まず5月の総代会前に地区総代と議案について話し合う地区別総代懇談会、12月にＪＡの事業と活動について意見・要望を聞く地区別座談会があり、これはＪＡの役員、地区担当理事が支店ごとに総代、組合員組織などを対象に事業方針を伝えたり、要望を聞く場である。これとは別に、2月と8月に支店ふれあい委員会を開催している。この主催者

は地区役員であり、常勤役員は参加しない。総代、女性組織役員に加えて、正・准組合員それぞれ2人以上を構成員としている点に特徴がある。支店ふれあい委員会は2017年9月に設置され、支店におけるさまざまな活動について検討する場となっている。直近では当JAの組織目標である女性総代を各支店から5人以上出すための具体策の検討など、JA運営に参画する場ともなっている。将来的には、貯金や共済目標など事業推進についても議論する場として位置づけ、員外利用者の参加も検討している。

支店ふれあい委員会は、16の支店それぞれで地区担当の役員が委員長として運営し、その内容を理事会にて議論する。そのため、地区間の情報交換や地域活動の横展開が行われるようになり、組合長曰く、理事会の協議が活発になったとのことである。すなわち組合員や地区理事の主体的関与の度合いが増し、地域課題をみずから分析し、みずから解決するという協同組合が持つ本来のあり方を模索しつつある。

表1　組合員との話し合いの場と参加メンバーなど

	地区別総代懇談会		地区別座談会		支店ふれあい委員会	
開催規模	各ブロック		各支店		各支店	
開催回数	年1回		年1回		年2回	
開催時期	5月		12月		2・8月	
参加メンバー	地区理事	○	地区理事	○	地区理事	○
	総代	○	総代	○	総代	○
	青壮年部		青壮年部	○	青壮年部（役員）	○
	女性組織		女性組織	○	女性組織（役員）	○
	年金友の会役員		年金友の会役員		年金友の会役員	○
	その他正組合員		その他正組合員		正組合員（2名以上）	○
	その他准組合員		その他准組合員		准組合員（2名以上）	○
	常勤役員	○	常勤役員	○	常勤役員	
	経営管理室	○	経営管理室	○	経営管理室	
	室部長	○	室部長	○	室部長	
	支店長	○	支店長	○	支店長	○
	営農C所長	○	営農C所長	○	営農C役付職員	○
内容	① 総代会における質問事項 ② 地区別座談会での要望事項など ③ その他		① 支店における生活・福祉文化活動・イベントに関する事項 ② 組合員の意見・要望に関する事項 ③ 支店ふれあい委員会での要望事項など		① 支店における生活・福祉文化活動・イベントに関する事項 ② 組合員の意見・要望に関する事項 ③ 地域ふれあい活動に関する事項 ④ 支店管内の業務実績に関する事項	

(2) 地域ふれあい活動を審査・表彰

16の支店それぞれが地域ふれあい活動を展開している。地域ふれあい活動はさまざまな地域活動、イベントや体験教室などを内包している。ＪＡ三重中央では地域活動と支店新聞をセットにして展開している。支店新聞では毎月支店活動の内容を中心に支店の担当職員があえて手書きで作成し、手配りで配布している。

地域ふれあい活動は各支店で企画したものを本店経営企画部が審査し、予算をつける仕組みを導入している。その活動の結果を年１回審査して、支店ごとに表彰している点もユニークである。つまり、支店ごとの活動内容や組合員への情報提供の手段である支店新聞の到達点を全体のなかで位置づけることにより、自分の支店も取り入れる要素はないか、紙面づくりの参考にしようなど、活動の底上げと支店全体への展開を企図しているのである。予算を一律にばらまかず、審査、表彰という競争原理の導入は、職員個人間におけるノルマ達成や事業成果における表彰よりも、地域活動という穏やかな取り組みや意識向上のために使用したほうが、より協同組合の強みを引き出せるのではないだろうか。

(3) 支店単位で企画・運営、組合員が主役

現場はどうなっているのであろうか。支店新聞の部、活動の部、総合の部それぞれで３位であった栗葉支店のケースをみてみる。栗葉支店のふれあい委員は15人であり、うち女性は４人、准組合員は２人となっている。支店ふれあい委員会の運営は、地区理事の委員長と年金友の会選出の副委員長、支店長の３者で事前協議を行い、おおよそのテーマを決める。栗葉支店のテーマは、「地域活性化のためにＪＡ支店は何ができるか」であり、委員会での意見を踏まえ、支店活動の計画を作成する。その計画に基づき、地域ふれあい活動内容を企画し、本店の審査を受けて予算を獲得し、活動実行、活動内容を支店新聞で紹介という流れとなっている。表彰された地域ふれあい活動の内容は、大工を営んでいる准組合員の方の協力で行った木工作り教室や米袋を使った帽

子作成教室、地区運動会への参加などさまざまであり、地域での認知度は上がっている。

次に、支店新聞の部3位、活動の部1位、総合の部1位であった川合支店のケースをみてみる。支店ふれあい委員は10人で、うち女性4人、准組合員3人となっている。委員会のテーマは、①地域農業の活性化、後継者不足問題、②地域ふれあい活動の活性化となっている。地域ふれあい活動は組合員の意見を踏まえ、地元イベントへの参加、地域の祭りでの地元野菜の直売、さまざまな体験教室の開催、など多岐にわたる。地域農業活性化の面では、イベント時に地元野菜の販売を支援して地産地消を推進し、さまざまな体験教室では高齢組合員に活動の場を提供し、手芸・フラワー系の体験では若い世代、子育て世代の参加を増加させている。体験教室の講師は組合員自身が行うことを基本とし、JA支店は事務局を担うという組合員中心の活動を展開している。川合支店で特徴的なのは支店新聞であり、企画・作成の担当職員が交代制で運用されている点も特徴的である。似顔絵の得意な職員による挿絵は、親しみやすさだけではなくわかりやすさの点でも優れている。

(4) 本来の協同組合の姿

JA三重中央では2020年度に16支店を6支店に統合すること検討している。その場合の地域との接点を、支店ふれあい委員会という仕組みで担保するという方針である。支店ふれあい委員会は16地域で継続するため、事業活動の支店単位と組織基盤としての支店ふれあい委員会単位を重層的に運用する仕組みである。これは事業の合理化のために店舗統合した結果、地域の組織基盤が脆弱《ぜいじゃく》化してしまった多く

のＪＡでの経験を踏まえ、ＪＡ三重中央では戦略的に対策を練った結果であると感じられる。

先にみた栗葉支店や川合支店では、支店活動における創意工夫と企画運営を短期間で達成しているが、それは、ＪＡ三重中央の組織戦略（計画策定、人員配置、職員意識など）の賜物といえるのではないか。支店が主役であり本店は支援する。組合員が活動の中心かつ担い手であり、ＪＡ職員は事務局、サポートに徹するという方式は協同組合が持つ本来の姿であり、行政補完組織としての日本型総合農協の存立が岐路に立つなか、新しい時代のＪＡのあり方を示している。

また、組合員がみずから（所属する地域）の課題の克服や、みずからの幸福の追求のためにみずから出資し運営する協同組合組織の地域活動と、株式会社など一般企業が利益の一部を地域・社会貢献に使用し企業価値を高めるために行うＣＳＲとは本質的に異なっている。ＪＡグループは、地域に埋め込まれ、一人一票という組合員による民主的運営を基軸とする協同組合独自の経営のあり方を、より鮮明に打ち出す必要があるといえよう。


【注】
(1) 家の光協会「『支店を核とした組織基盤強化検討委員会』報告書」、２０１３年、９頁より引用。
(2) この点については、第１章の図３を参照されたい。支店協同活動は「活動の複数・２段階参加」において、同活動を企画する支店運営委員会などは「運営参画」において、それぞれ具体的取り組みとして位置づけられている。
(3) 第２章で用いた１１３ＪＡでの集計結果である。
(4) 家の光協会「前掲報告書」、10頁を参照。

第8章

組合員・組織対応の再構築と協同組合としての展望

●はじめに

ＪＡはなんのために存在するのか。原理原則で考えれば、協同組合としてのＪＡはなんらかの課題（地域、経営、生活など）の解決を模索するメンバーが集まり（人的結合体）、その解決のための事業をとおし、メンバーたる組合員のニーズを満たすために組織されたものである。そのため、目的達成のための組織（アソシエーション）が前提であり、目的を達成するための手段として事業体（エンタープライズ）が設立される。その目的が達成され、既存の組織と実態が乖離《かいり》した場合、既存組織を解散し、新しい結合体を結成することも可能である。加入・脱退および結成・解散は組合員の自由意思に基づく。

これまで成立してきた日本型総合農協[(1)]においては、同質的な農家組合員を組織基盤とすることで、総合事業を展開してきた。これを支えてきたのが食管制度に代表される農業政策との一体性であり、「制度としての農協[(2)]」の側面を補完してきた。しかし、組合員とそのニーズの異質化、農業経営体個々の経営戦略の多様化などのなかで、共通目的の形成とそれに適合した事業をこれまでと同様に展開することが困難となっている。

このような現状に鑑みて、日本協同組合学会ではＪＡのあり方に関して、協同組合としての将来像を描くのであれば、新しい組織のあり方、事業のあり方が必要であることを提起した[(3)]。また、組織基盤である組合員の多様化や地域課題の変化に対応して、既存の協同組合組織のなかに小さな協同活動（組織）をどのように組み込むことができるのかを検証し、農村という地域空間と農業という産業空間における中間組織としてのＪＡのあり方を再構築できるかが問われていることを確認した。[4] それは、組合員とのつながりをどう再構築するか、具体的には、合併後のＪＡにおける組織ガバナンス、支店のあり方、組織のマネジメントシステムに関わる問題である。

現在行われているＪＡの自己改革では、まずは組合員（正・准）への意向調査、具体的にはＭＳアンケートをとおして現状を把握し、組織と事業のあり方を模索している。こうした取り組みは、これからの「日本型総合農協」のあり方を考えるうえで、特に「制度としての農協」から脱却し、改めて協同組合という組織形態を選択する意味を考えるうえで必要なものといえるだろう。またそのさいには、移動が自由な資本結合体としての株式会社よりも、人的結合体である協同組合という企業形態が今後も（むしろグローバル時代であるからこそ）有効であることを示しうるかが問われることとなるだろう。

つまり、歴史的存在としての「日本型総合農協」の現実的な組織再編についての議論と、現在の資本主義経済下における「協同組合」の有効性の議論という二つのベクトルが混じり合うところに、新しいＪＡの姿を展望しうるのではないか。

本章では、まずＪＡを取り巻く環境変化や組合員に関する規制改革論議を確認する。それを踏まえて、組合員および組織対応の今後のあり方について考察し、協同組合としての発展に向けた展望を示す。

1．農業・農村・ＪＡを巡る環境の変化

現在進行している経済のグローバル化とそれへの対応として行われてきた日本農業の切り捨て・縮小路線は、

地方圏、特に農村部に大きな影響をおよぼしている。

第一は、農村経済の存立を根本的に揺るがす農産物価格の下落、特に米価の下落である。これを受け農家の規模拡大意向は極端に減退しており、担い手となりうる経営体や専業農家層においても将来展望を描きにくい状況に陥っている。

第二は、地方圏における就業機会の減少である。日本経済は低成長期に入り、地方企業のリストラ、公共事業の削減が続いている。兼業農家を主体とする府県の農村部では、兼業機会・収入が減少しており、農家経済を直撃している。

第三は、少子化・人口減少と高齢化の進展である。若年世代の都市部への流出は、地域人口・集落世帯の減少をもたらし、その結果、地縁的な農村コミュニティーの機能の低下を引き起こしている。これにより、農地・自然環境などの地域資源の保全や伝統的な地域文化の継承が困難となっている。

このような変化は、当然のこととしてJAにも影響を与える。事業面では、農業生産の縮小が手数料収入を主とする経済事業に影響をおよぼす。近年ではマイナス金利政策が系統組織の金融事業を直撃しており、総合経営が揺らいでいる。

組織面では、担い手不足に伴って総代定数が確保できない地区の発生や世代交代による非組合員化の懸念も現実化しつつある。さらに組合員脱退による出資金の減少（後継者の核家族化、地区外転出など）も大きな問題である。現在JAは、①組合員農家の減少、高齢組合員の脱退・継承困難という構造的な問題に加えて、②組合員意向の多様化、事業・組織活動からの組合員離れ傾向、地域農業の質的変化という運営上の問題も抱えており、そのなかで組織基盤を再構築していくことが課題となっている。

また、農村内部においては、耕作放棄地の拡大が顕在化している。これは、担い手への集積により解消していくことが求められているが、現実には出し手農家、地域との調整・協力が不可欠となる。この点からも組織基盤の再構築は重要課題といえる。

これに対し、現在の日本の農業政策では、「担い手」選別的な政策をとっている。これは国際規律へ対応しうる競争力を持った経営体を育成するというものである。この方向は、まさしく「産業の論理」であり、進め方によっては農村コミュニティーあるいはＪＡの組織基盤の崩壊をいっそう助長する可能性を持つ。一方で、「農地・水・環境保全向上対策」などの地域対策では、集落機能の維持・再編を図るという二面的な対策が志向されている。

現在の農村コミュニティーにおいては、「地域（生活）の担い手」と「産業の担い手」はかならずしも一致しない。なぜなら、国際競争力を持つ産業の担い手は営利追求型の企業形態（株式会社）が選好され、地域外からの参入もありうるからである。２０１４年以降の官邸が進める規制改革路線では、農業委員会制度、農業生産法人制度、農協組織を一体的に改革しようとしているが、その目的が域外資本の参入であることは明らかである。ダム建設、原発立地、リゾート開発による農村地域振興政策の失敗の轍《てつ》を思い出す必要がある。

ここで重要なのは、これまで日本型総合農協が基盤としてきた地縁型共同体の再生と、農業の「担い手」を核とした目的型組織の形成を「新しい農協組織」内にどのように結合させていくのかという問題である。つまり、定住・生活の安定を志向する「地域の論理」と生産力・収益性の向上を目指す「産業の論理」との矛盾を現実の農村社会においてどのように融合させていくかが問われているのである。[5] ＪＡにおいても、既存の集落組織を越えた目的型組織の形成が求められており、重層的な意思反映機会、情報伝達のルート、役員選出などの単位を構築する必要がある。

2. 組合員に関する規制改革論議と准組合員の実態

(1) 2000年代以降の組合員に関する規制改革論議

さて、JAの組織に関わる一つの関心事は、准組合員に関わる問題であろう。2014年5月に規制改革会議の農業ワーキング・グループが出した「農業改革に関する意見」では、改革の目的として「農業の成長産業化」を掲げ、JAに対しては「農産物販売等の経済事業に全力投球」できるように信用事業を代理店化することや、理事の過半を認定農業者などとする「理事会の見直し」を求めるとともに、「組合員の在り方」として「准組合員の事業利用は、正組合員の事業利用の2分の1を越えてはならない」とした。

これらの「意見」のうち、准組合員の利用規制に関わる部分は、翌年改正された農協法の附則において5年間の検討を加えて結論を出すこととされた。その期限である21年3月を本書の執筆段階で迎えていないが、仮に今回は利用規制を導入しないことで決着したとしても、この問題はすぐに再燃することが想定される。なぜならば、このような組合員のあり方を巡る問題はにわかに出てきたものではなく、00年代当初から展開してきた規制改革論議(6)と同じ文脈で捉えることができるものだからである。

03年12月に、総合規制改革会議第3次答申が発表された。これに先だって02年12月に提出された第2次答申では、①農地利用規制、②農協への規制、③農業経営の株式会社化等の一層の推進の3点を、農業における規制改革の標的として位置づけている。注目されるのは、②におけるJAの員外利用問題およびその諸規制のあり方に関する検討を行うという点である。

第3次答申では、この点に関する問題提起として、「農協系統組織について、農協経営に競争原理を導入するとの観点から、少なくとも株式会社と同様の適切な情報開示や経営管理を求めるなど、現行の農協規制を見直すこと」としたうえで、「農協が、真に担い手たる農業者の利益を目指し、協同組織としての機能を最大限に発揮することが肝要であり（中略）、その更なる改革に向けた検討に当たっては、民間の経営主体である農業協同組合の経営問題の観点（健全な発展が図られることが必要）と、農協の活動が制度上在るべき姿を逸脱した場合に生じる問題の除去の観点から行う必要がある」としている。

つまり、これからのＪＡの存在意義を、国際競争力を持った強い農業者（担い手）たる正組合員のための組織としての意義に限定したうえで、それを逸脱した場合の規制を強化するというものである。ＪＡの現状として、営農関連以外の事業や地域住民（員外）・准組合員を対象とした事業を展開していることを指摘し、それをやるからには、事業間の収支（部門別独立採算制の強化）と地域間の収支（支所独算制概念の導入）を明確にせよ、と述べている。これは、総合農協の特性である事業間連携や組合員サービスとしての非採算部門の位置づけをあまりにも軽視した議論である。

員外利用規制に関しては、「現在、多くの単位ＪＡにおいては、正組合員、准組合員の実態や員外利用の状況を正確に把握していないことから、今後とも、当会議第２次答申の指摘を踏まえた実態の把握と、法令違反等がある場合の是正指導が的確になされることが必要である」とし、具体的施策として「准組合員制度の運用の適正化」を挙げ、「准組合員に対しては員外利用率規制が適用されないため、農協が准組合員向けの事業を拡大することを通じ、正組合員のメリットの最大化につながらない制度運用がなされる可能性があることから、准組合員が３００万戸を超えている実態を踏まえ、准組合員制度の適切な運用のための措置を検討し、所要の措置を講ずるべきである」としている。

員外利用のみならず准組合員の利用についても問題であるとし、ＪＡは正組合員（農家）のための事業に限定せよとの方針になっているのである。今回の准組合員の利用規制とまさに同じ論理に基づく方針といえるだろう。

(2) 農業との関わりからみた准組合員

以上でみてきた規制改革論議は、ＪＡのあるべき姿を「担い手・正組合員のための（限定した）ＪＡ」という姿に矮小化し、正組合員以外の利用者の存在や営農関連以外の事業が地域のなかで果たしている役割などを無視したものであるといわざるを得ない。仮に「農業の成長産業化」を掲げ、そのもとで准組合員の利用規制を検討するならば、少なくとも准組合員の農業との関わりに関する検証が必要であろう。この問いに関して、われわれの研究会ではＡ（都市近郊園芸）、Ｂ（コメ兼業）、Ｃ（大都市近郊）の３ＪＡでアンケート調査を実施し、その実態を分析した[(7)]。

結論を要約すると、まず３ＪＡの准組合員はその90％以上が持ち家を有しており、地域の定住者としての性格が強いことがうかがわれた。同居世帯員のなかに正組合員がいる准組合員は最も少ないＣ農協で４・２％、最も多いＢ農協で12・７％だった。

実際の農業との関わりについては、直売所などを通じて農産物の販売を行っている准組合員がＡ農協では３・３％、Ｂ農協では４・８％、Ｃ農協では１・４％、家庭菜園などを営む准組合員がＡ農協では33・０％、Ｂ農協では49・７％、Ｃ農協では24・６％だった。また、地産地消や食文化に関心のある准組合員は３農協の合算で９割を超えていた。このほか、実家が農家であるなど農家にルーツを持つ准組合員は、最も少ないＣ農協で32・３％、最も多いＢ農協で48・５％だった。

以上から明らかなように、少なからぬ准組合員は農業との関わりを有しているのである。その関わり方には一定のグラデーションが存在しているといえよう。また、准組合員の大多数は食を通じて地域農業を支える人と位置づけることが可能である。「農業の成長産業化」を進めるうえで、こうした特徴を持つ准組合員の存在がどのような意味を持つのか、少なくともそれを阻害する存在でないことは確かといえるだろう。

３．ＪＡの組合員対応の基本方向

前述の規制改革論議、そして「農業改革に関する意見」に端を発する今般の農協改革では、「担い手」を中心とした職能組合への純化が色濃く打ち出されている。しかし、地域貢献と地域対策、地域住民の組織化対策などを本気で考えるのであれば、総合農協としての事業展開、組織のあり方が前提となる。すなわち、事業・組織の総合性を損なってはならない。事業を分断しておいて、総合取引ポイント還元など可能であろうか。組合員を選別したうえでの地域対策など実行可能であろうか。

そもそも、協同組合とは人々の結びつきによる「自治的」な協同組織であり、人々が共通の経済的・社会的・文化的なニーズと願いを実現するために自主的に手をつなぎ、事業体を共同で所有し、組合員による民主的な管理運営を行っていく相互扶助組織である。ＪＡ経営からみて、事業基盤でもあり、組織基盤でもある組合員の特性を考えるに当たっては、「自主的な組織化」が先であり、どのような「事業」を行うかということは、組織の内実によっていかようにでも変化することができると考える。その「組織」の範囲も「正組合員」に限定されず、組合員の生活・経済・文化を形作る多様なステークホルダーによって構成されているといえる。「地域」と広くいってしまってもよいかもしれない。専門農協が存在するように、職能組合としての位置づけも重要である。しかし、日本の多くの地域とＪＡを鑑みれば、一部の大規模農家と職能プロ農協（例えばアメリカの新世代農協）を標榜することは現実的であるといえるだろうか。

多様な構成員のもと、地域活動・社会貢献を重視した農協組織を標榜するのであれば、第一に、協同組合活動の放棄と株式会社化を目指す財界主導の改革と一線を画すこと、第二に、総合農協としての組織活動、総合的事業展開を堅持すること、第三に、多様な組合員を前提とした組織のあり方とそれを意思決定機構に反映させる仕組みを構築することが求められる。

多様な構成員を主体とする組織活動を展開するのであれば、当然多様な構成員のＪＡ運営への参画が必要であるし、そこで生まれる地域活動こそが必要な活動である。上から押しつけられた活動は、組合員にとっては負担感が増すだけである。自主的な組織への参画と意思反映をとおしたボトムアップ型の事業・活動が求められているのである。

4．すべてのＪＡに組合員政策を

組合員政策は協同組合の目的を達成するために必要な、組合員の組織化と組織運営、各種組合員活動への参加、協同組合のガバナンス参加、協同組合に対する理解と共感形成など組合員に対するはたらきかけを指す。組合員政策は、協同組合における組合員の参加をどのようにマネジメントするか、組合員の参加の仕組みをどのようにデザイン、計画するかをＪＡ自身が設計し、現場の職員がその仕組みを認識し実行することである。優れた組合長や職員がいたため、結果的に優良ＪＡや優良産地ができたという話ではなく、組合員の力と組合への協力をいかに引き出して、ＪＡの成果につなげるかといった手段の体系化が必要なのである。

現在、正・准組合員の括りにかかわらず、その内実も含めて多様な組合員が存在している。農業への関わり方、地域への関わり方、ＪＡ単位でみるとその構成は多種多様である。そのなかで組合員政策を実行するのであれば、組合員の加入方針が必要であろう。ＪＡはその方針を踏まえて、具体的な加入や参加に関する政策を組合員政策として構築するのである。

組合員政策においては、組合員のさまざまな参加の意義づけとその実行のための体制づくりが必要となる。非農家・地域住民（員外利用者）と正組合員農家の中間領域にある准組合員をＪＡの諸活動のなかにどう位置づけるか。前章でみた各事例においては、支店協同活動の展開がその一つの柱となっていた。「営農」と「くらし」をキーワードに農家組合員と非農家地域住民をどのように組織基盤として再構築するか、組織内部において両者の関係をどのように整理するか、中長期的な視点も組み込みながら新たな戦略を推進する必要がある。また、組合員対策の質的問題、すなわち正組合員、准組合員、員外という区分を農協組織としてどのように整理しているのか、さらに准組合員という枠組みを実際の組合員対応（諸活動、各事業、意思反映）においてどう設計すべきかが問われている。

これに関して、多様化・異質化する組合員のニーズを掌握することがＪＡ運営の基礎となるという認識のもと、既存の組織の再編、小グループ化、あるいは、組織化されていない活動や取り組みを新たにＪＡの下部組織として結合していこうとする取り組みが必要となるだろう。これまでの硬直的な組織活動から飛び出している活動を連携、組織化していくことで、ＪＡへの結集力を確保することは重要な課題である。

ただし、集落組織が機能しているうちは、ＪＡ運営における基礎組織（意思反映機会、情報伝達のルート、役員選出などの単位）であることに変わりはない。そのなかで、目的・関心別組織（生産部会・資産管理部会など）や年代別・世代別組織、属性別組織（青〈壮〉年部、女性組織など）を重層的な組織として位置づける必要がある。このような対応は、例えば混住化の進展や農家の階層分化により、集落組織の十分な機能発揮が困難な地域ではより重要性を帯びる課題である。

そしてこれらの課題に対応可能な規模と範囲を考えると、やはり支店の機能と役割がさらに重要になってくるだろう。支店の統廃合や機能統合に関しては、経営の合理化だけではなく、組合員や地域住民の組織化の可能性を考慮した設計、すなわち組合員政策のもとに実行していく必要がある。

ＪＡの組合員政策を支店単位に落としていく過程において、准組合員組織や後継者組織、団塊の世代組織などを新たにあるいは既存組織の内部に組成することにより、多様な組合員のニーズを把握するルートを整備し、意思決定機構への参画を促進することが可能となる。これは現在のＪＡの運営方式では、多様な組合員のニーズを把握することが困難であり、組織的なJA離れが現実に進行していることへの深刻な憂慮《ゆうりょ》に基づく対策でもある。

5．一人一人の組合員にどう対応していくか

2020年、新型コロナウイルスへの対応として、働き方、生活様式、貿易構造など、グローバル化を前提とした社会のあり方が大きく変化している。アフターコロナの世界では、食料、農業、農村はむしろ大きな可能性を秘めているのではないか。

そこで、JAを取り巻く大きく三つの課題を解決できないかと考えている。

第一は、高齢農家や農業との関わりが弱くなった自給的農家などのIT化を推進するJAの事業戦略の構築である。これに関して、MSアンケートの結果を改めて要約的に記しておく。行動点（事業利用、活動参加など）と意識点（親しみ、必要性、理解）は、多くのJAで「担い手経営体」（販売金額1000万円以上）と「中核的担い手」（販売金額300万～1000万円）が高水準であり、中核的組合員（アクティブ・メンバー）となっている。

一方で、「多様な担い手（販売なし）」（販売のない正組合員）は准組合員の全体と意識点が同等程度であり、JAによっては下回るケースも存在する。「多様な担い手（販売なし）」は高齢農家や自給的農家が多い。つまり、多くの農村で多数を占めるこれら農家への対応が、JAにとっての重要な課題といえるのである。リタイア後に事業利用など行動点が下がるのは理解できるが、JAへの親しみも低くなっており、これはJAへの関与・関心が大幅に後退していると示していると考えられる。JA合併や支所の統廃合、人員削減などを経て、JAへの関与の機会が減少している実態が推測されるのである。

現在ＪＡグループでは対話運動、全戸訪問などを推進している。毎月全戸訪問を行い、准組合員を含めた面談率が5割を超えるＪＡはだののような事例も存在するが、同ＪＡの全戸訪問は半世紀にわたる歴史の積み重ねを有しており、これから始めるすべてのＪＡが同様の成果を得られるまでには時間がかかるだろう。高齢化はいま進行しているのである。

そこで、組合員との対話、関与の方式、内容に関して新しいテクノロジーの導入が必要なのではないか。スマートフォンのチャットアプリや診断システム、スカイプやライブ配信などテレビ会議的なシステムは非常に利便性が高い。しかし新技術に関しては高齢者ほど懸念が強い。ＪＡも同様の傾向がある。大高研道氏が分析した、全労済「勤労者の生活意識と協同組合に関する調査報告書〈２０１６年版〉」では、協同組合理念に対する勤労者のイメージとして、保守性、新しい取り組みを受け入れない、時代に合っていない、体質が古く閉鎖的などネガティブなイメージが指摘されている。しかしＪＡ自己改革を標榜するのであれば、あえて高齢者への新技術の導入、ＩＴ化を世界に先だてて、日本の総合農協が成し遂げたとしたらどうだろうか。高齢化が進む先進工業国のモデルケースとして先導できたとしたら、そこに新しい世界がみえてくる。

ＪＡグループが共同開発した高齢者モデルのスマートフォンを組合員に提供し、組合員はＬＩＮＥ的なチャットアプリで日常の会話を行う。意向調査や各種データ、事業報告はＧｏｏｇｌｅフォームのようなツールを用いて行う。全戸訪問は年1回で、ＪＡ職員はＺｏｏｍのような同時双方向オンライン会議システムを用いて、組合員との対話を恒常的に行うことができる。このことはＪＡ職員の働き方改革にも寄与できる。日常の健康相談や生活相談も行うことができ、農作業などの注意事項は電子掲示板でつねに確認することができる。判子決済はもちろん廃止である。支払いはＪＡペイで完結する。ＪＡカードは全国共通化し、ＳｕｉｃａやＴポイント、ｎａｎａｃｏのような電子マネー化のなかで組合員の経済活動を囲い込む。経済活動の低成長期には囲い込み戦略しか生き残る道はない。まさしく協同組合の特性を発揮できる時代だといえる。

新しい世代、次世代の若者は、閉鎖的で保守的な高齢組織のなかで過去の事業方針を踏襲しながら働く環境に魅力を感じるだろうか。生まれたときからインターネット時代を生きる人類とともに新しい仕組みを設計する。日本型総合農協の形を地域社会の特性を考慮しながら構築する。これらのことは、高齢化する農村のテクノロジー化を世界に先駆けて実施することにつながるのではないか。組合員対応を生業としてきたJAマンであれば、高齢組合員にスマホなどタブレット端末の利用方法をていねいに説明することも可能だと考える。これは密接な人的関係性のうえに事業を展開してきた協同組合だからこその提言である。

第二は、准組合員を食の組合員として位置づけられないかということである。准組合員制度は世界的にみても独自の制度であり、議決権のない組合員という実態は協同組合理念から考えて課題なしとはいえない。今回の農協改革のなかで焦点が当てられた准組合員制度は今後も標的とされるだろう。そこで、正組合員である農家組合員は「農の組合員」として、地域住民であり、食に関心のある准組合員は「食の組合員」として再定義することができないかと考える。農業協同組合を食農協同組合と名称を変更するくらいの英断も必要かもしれない。准組合員の組織化や参画についても運用しやすくなるだろう。食の組合員である准組合員に、食農教育や食文化などの地域活動について積極的に意思決定に参加してもらうようにするのである。

第三は、経営面からの合併、単なる支店統廃合ではなく、新しい連携統合のシステムを構築できないかという点である。JAの経営問題を踏まえると、新たなJA合併と支店統合の問題は避けてとおれない。しかし、事業推進だけではなく、組織活動の拠点として支店の機能と役割は存在する。ここでも物的拠点としての支店機能だけではなく、テクノロジーを利用し、仮想空間として、支店の組織活動の場としての機能、よりどころとしての機能を発揮する仕組みを構築できないかと考える。

いずれにせよ、新しい時代を迎えた日本型総合農協は、ITなど新しいテクノロジーを最も保守的、閉鎖的といわれる（実際はそんなことはない面も多いが）日本の農村、高齢組合員に対して普及・学習・利用・運用していくことが必要ではないか。協同組合としての発展のためにもこうした挑戦が期待される。

【注】

(1)　日本型総合農協とは、多様な事業を営む総合主義、一つの地域内の農民は原則としてその地域の農協に加盟する属地主義、専業・兼業を問わず農民はその地域の農協に全員加盟する網羅主義、行政機構に対応した系統三段階を通じて行政の下請的・補完的役割を果たす行政依存型（行政補完型）という特徴を有するわが国農協のことを指す。なお、武内哲夫・太田原高昭『明日の農協―理念と事業をつなぐもの』、農山漁村文化協会、１９８６年、25～26頁を参照している。

(2)　武内・太田原「前掲書」、56～58頁では、総合主義、属地主義、網羅主義、行政依存を特徴とする農協を「制度としての農協」と呼び、農民的・国民的立場からその運用に努力する一方で、欠陥については直していくべきであるとしている。

(3)　青木美紗・大高研道・久保ゆりえ・小山良太・成田拓未・走井洋一「『協同組合研究の未来を紡ぐ』座談会」『協同組合研究』、第37巻第1号、２０１７年、43～55頁、および第37巻第2号、２０１７年、42～59頁を参照。

(4)　日本協同組合学会第33回春季研究大会「『小さな協同』論を考える―協同組合の可能性と実現条件―」２０１４年5月、第34回春季研究大会「経済のグローバル化と地域・社会・協同の新しい形―『メゾ領域』における協同の主体形成に向けて―」２０１５年5月において議論した。

(5)　岡田知弘『地域づくりの経済学入門―地域内再投資力論』、自治体研究社、２００５年。

(6)　増田佳昭「答申を『鏡』に総合農協像の実践的提示を―総合規制改革会議答申を読む―」『農業協同組合新聞』、２００４年1月13日に詳しい。

(7)　旧ＪＣ総研（現日本協同組合連携機構）「ＪＡの体系的な組合員政策に関する研究会」（主査：増田佳昭）においてアンケート調査を実施し、日本協同組合学会（２０１６年10月）において報告した（小林元・増田佳昭・小山良太・西井賢悟「総合農協の准組合員の属性と特徴に関する実証的研究」）。調査方法は、各ＪＡで無作為抽出した対象者に、回答用紙を郵送配布、郵送回収を行い、回収率は、Ａ農協：配布４０００／回収１１４４、回収率28・６％（２０１６年2月実施）、Ｂ農協：配布４０００／回収１２５９、回収率31・５％（２０１６年3月実施）、Ｃ農協：配布６０００／回収２７８４、回収率46・４％（２０１６年6月実施）であった。

【参考文献】

(Ⅰ)　小林元・小山良太・西井賢悟「都市ＪＡにおける准組合員の実態とＪＡの准組合員対応に関する調査研究」『協同組合奨励研究報告第四十三輯』、全国農業協同組合中央会、家の光出版総合サービス、9～40頁、２０１７年

(Ⅱ)　小山良太「准組合員の動向と組合員政策」増田佳昭編著『ＪＡは誰のものか』、家の光協会、98～１１７頁、２０１３年

(Ⅲ)　小山良太「組合員と組織活動」田代洋一編『協同組合としての農協』、筑波書房、13～50頁、２００９年

終章

組合員政策をどうすすめるか

1．「まとまり」と「つながり」づくり

本章では、組合員政策の位置づけと内容を改めて整理するとともに、その主要課題について概説することにしたい。ＪＡの経営政策（現代的用語でいえば経営戦略）の全体的な体系については、別途本格的な検討が必要であるが、ここでは組合員政策の位置づけに焦点を当てて必要な整理をしておく。

本来、ＪＡの基本的性格は協同組合である。ＩＣＡ定義に示されるように、協同組合は共通のニーズや望みを実現するための人々の人的結合体（組織体）であるとともに、それを実現するための民主的に管理される事業体（経営体）でもある。そのために、協同組合の目的を実現するためには、事業体のマネジメントだけでなく、組織体のマネジメントが必要である。したがって、協同組合の経営政策の領域は、事業体管理を中心とする事業政策領域と、組織体管理、特に組合員管理を中心とする組織政策領域の2大領域に大別することができる。組織政策は基本的には組合が組織目的を達成するための組合員へのはたらきかけであって、それを組合員政策と呼ぶことができる。

また一般に、組合員政策は「つながり」づくりと考えることができるが、「つながり」にはもう少し注意が

必要である。「つながり」には、組合員とＪＡとのつながりだけでなく組合員同士のつながりが存在する。後者はむしろ「まとまり」と呼んだほうがよいと思われる。大型化し、多様化した組合員を抱えるＪＡだが、多様な組合員を多様なままで管理したり、はたらきかけたりすることは、きわめて困難である。また逆に組合員の側も、みずからのニーズを自覚し顕在化させるためには、個々バラバラではなく、同じような属性や同じようなニーズを持つ者で「まとまる」ことが必要である。組合員の「まとまり」づくりとＪＡとの「つながり」づくりこそが、組合員政策の基本視点のように思われる。

2. 事業関連の組合員政策

さて、組合員政策は、事業政策に直接的に関係するものと、かならずしも事業との直接的な関係を持たないものとに分けることができる。

事業と直接関係する組合員政策については、農産物の生産販売を考えるとわかりやすい。農産物の販売はＪＡの事業として行われることが多いが、それを生産するのは組合員農家であり、販売事業も共同販売として組合員組織による統制を不可欠な条件とする。生産方法と生産物の基準を定め、必要な指導を行い、共同の販売を行うためには、組合員が組織する生産販売組織（部会組織）が必要である。ＪＡの農産物販売事業は、商品選定や市場選択、共同施設運営などの事業政策と組合員組織の適切な運営という組合員政策とが密接に関連して実施されている。

また、ＪＡの農産物直売所においても、直売事業は出荷者組織との密接な関係のもとで行われている。さらにＡコープ店舗の運営でも利用者懇談会を設置して、その意見を反映させながら運営することは多い。これも事業政策と表裏の組合員政策である。

これらの事業と直接的に関わる組合員政策は、営農面事業においてはきわめて重要である。世代交代に伴う組合員組織の再編、新規品目や栽培方法などの導入に伴う部会組織の多元化など、生産構造、流通構造がともに急変するなかでは、その高度化について、弾力的で的確な対応が求められる。

3. 事業と直接的に関係しない組合員政策の諸領域

事業と直接関係しない組合員政策には多様な領域が存在する。JAが大型化、広域化している今日、個々の事業に直接的な関係を持たない組合員組織が多様に存在しているのが現状である。また、農業協同組合という組織が歴史的に集落と地縁的な農業組織を基盤に、ほぼすべての農民を基盤に成立したこと、女性部が地域女性組織との重複と差異化のなかで存在してきたことなど、JAが持つ固有な条件に規定される部分も多いからである。

以下では、組合員政策の課題をいくつかに区分して、対応のポイントを述べておくことにする。

第一は、組合員加入政策である。これは協同組合としてのJAにとって最も重要な、構成メンバーにかかるものである。法制度上、JAの組合員は正組合員と准組合員に区分されている。また、正組合員の資格はそれぞれのJAが定款において定めることとしている。さらに、准組合員の受け入れ方針は、基本的にはJAに委ねられている。

正組合員資格をどう設定するか。また女性農業者、青壮年農業者の正組合員資格取得にどのような姿勢で臨むかなどは組合員政策のだいじな課題であろう。また、准組合員についての姿勢も、地域農業の応援団、地域の生活者など、JAとしての位置づけと加入方針が必要であろう。さらにいえば、世代交代に伴う組合員資格の承継、脱退希望者への対応なども、方針化が必要と思われる。

第6章で事例としたJAあいらでは、組合員のあるべき姿を正組合員は「地域農業の主役」、准組合員は「農業と地域を支えるパートナー」とし、その姿に近づくための取り組みを「関係強化策」として示し、それを各部署が行動計画を通じて実践していた。組合員の加入の態様はさまざまである。初めから「地域農業の主役」として加入する正組合員や、「農業と地域を支えるパートナー」になるために加入する准組合員は稀有であろう。組合員のあるべき姿の実現は、加入後の対応なしには困難である。加入後の対応は後述する別の組合員政策や事業政策の領域となるが、組合員加入政策においてはそれらとのリンクは射程に入れておくべきであろう。

一方、本書が考察のベースに用いたMSアンケートを通じて、正組合員では女性がきわめて少ないことが改めて示される一方で、それら組合員のなかには意識点・行動点の高い人が多数存在していることが明らかとなった。JAは正組合員の女性家族について加入促進を図り、その声に基づく運営を強化すべきである。現在の男性が圧倒的多数を占める状況は、これまでのJAの正組合員対応がやはり家を中心とするものであったことを示しているのではないか。戸から個へ、組合員加入政策においてはこの視点が不可欠といえるだろう。

第二は、地域組織や基礎組織といわれる集落組織に関する政策（基礎組織政策）である。JAの総代選出などを担う基礎組織については、伝統的に集落組織がそれを担ってきたが、農業者の減少や人口減少でその維持が困難になっている場合が多い。地域差も大きいが、JA運営の基本になる基礎組織をどう想定するのか、その活性化や再編、再構築など支店再編成とも関わって重要な課題になっている。

第2章のMSアンケート分析で析出された「参画単独型」は、JAとのつながりが基礎組織を介したものに特化した類型であるが、その意識点は低い水準にとどまっていた。その一方で、基礎組織を介したつながりに加えて活動参加を通じたつながりも持つ「参画・活動型」の意識点は高い水準にあった。このことは、基礎組織に対して各種の会合への出席や役員選出だけを求めるアプローチはつながりの強化にならないことを示唆している。第7章で事例としたＪＡ小松市のように、まずは「支援」に徹するなかで集落組織の活動自体の活発化を促す必要があるだろう。「参画ありき」ではなく「活動ありき」で基礎組織への対応を考えるべきである。

一方、すでに集落組織の弱体化が著しく進展し、基礎組織としての機能を果たしえない集落が多数におよんでいることも事実であろう。こうした状況のなかでのＪＡの対応のあり方について、われわれの研究会ではすでに『ＪＡは誰のものか』（家の光協会、２０１３年）において、「集落組織の相対化と『基礎組織』の拡張」を提起している。それは、基礎組織の機能である役員選出や意思形成について、従来からの集落組織だけでなく、作目別部会や女性部、そして支店運営委員会などの組織に分担していくことを意味するものである。詳しくは同書を参照されたい。

なお、集落組織ではないが、第5章で事例としたＪＡ兵庫南の「ＪＡ利用者懇談会」は、意思反映の場をいかにデザインするかについて学ぶべき点が多い取り組みといえるだろう。同事例が対象としているのは、ＪＡとの関わりがかならずしも強くない准組合員であり、准組合員の参画のあり方について一つのモデルを示している。ひるがえって、今日の基礎組織においてもＪＡとの関わりが弱い正組合員が増えているのが実態である。ＪＡ兵庫南の利用者懇談会にみられる学びの手法、グループディスカッションを主とする運営手法などは、基礎組織を意思反映の場として強化するのに当たり、積極的に取り入れるべきものといえるだろう。

第三は、女性部や青（壮）年部などのいわゆる属性別組織についての政策（属性別組織政策）である。女性部員数の減少がいわれて久しいが、各地のＪＡで小グループ活動やフレッシュミズ活動を契機にした活性化の動きもみられる。また女性大学なども取り組まれている。女性部組織はこれまでもＪＡの重要なサポート組織であったことから、その役割を明確にして活性化に努めることはＪＡ運営にとってきわめて重要である。同様に、青（壮）年部も専業的農業者の減少によって部員数が減少傾向にあるが、ＪＡの営農事業の推進、ＪＡの将来のリーダー育成において重要な組織である。位置づけと組織化方針、活動内容などについて明確化が必要だろう。

事業と直接的な関係を持たない属性別組織という意味では、そのほかに高齢者の組織や農業の担い手の組織なども想定することができるだろう。後述のテーマ別活動組織と重なる部分もあるが、属性を意識した組織化は組合員政策の一つの視点である。

多様な属性別組織のうち、ここでは女性部について若干触れておく。同組織の活性化については、第４章でみたＪＡふくしま未来の「みらいろ女子会」、第６章でみたＪＡあいらの「自主活動グループ」などが参考になるだろう。これらに共通するのは、「活動ありき」の組織化を図っていることである。全国の女性部をみれば、本部―支部―班を中心とする地縁が組織の骨格を成し、活動もそれらの地縁単位で実施される場合が少なくない。いわば「関係ありき」の活動となっているのである。ここに女性部活動が沈滞する一つの要因があるのではないか。支部などでの活動についても、みずからの選択に基づく参加であることを実感できる仕組みづくりや運営の工夫が必要といえよう。

また、そもそも女性という属性の括りは、共働きが当たり前となり、ライフスタイルが多様化している今日において大きな意味を持ちえないのではないだろうか。子育て世代、親の介護が必要な世代、元気高齢者世代などのように、女性の属性を細分化して捉え直す必要があるだろう。

属性別組織政策の検討に当たっては、多くのＪＡにおいて女性部が議論の対象となるはずである。そのさいには、先の基礎組織と同様に「活動ありき」を追求する、あるいは女性を一括りにするのではなく、その属性を細分化して捉え直す、これらが対応の基本方向となるだろう。

第四は、ニーズやテーマに沿った各種の組織と活動についての政策（ニーズ対応型組織政策）である。組合員が多様化し、そのニーズも分化、多様化している今日、それを的確に組織化して組合員の「まとまり」をつくることが、ＪＡを活性化させ、その存在意義を明確にするうえできわめて重要である。

すでに述べたように、料理や手芸、健康などをテーマにした小サークル活動を通じて、女性部活動の活性化が進められていることはよく知られている。今回のＭＳアンケート結果でも、さまざまなテーマの活動がＪＡに期待されていることが示された。特に、農に触れたいという意味での市民農園や園芸教室への期待が幅広く組合員の間に存在している。他方で、専業的な若手農業者組合員を中心に「ビジネス講座」など農業経営に関わるテーマへの関心も強い。さらに、高齢者を中心に、生きがいづくり、健康づくりのための活動が期待されている。こうした組合員の間に存在するさまざまなニーズやテーマをどう組織化につなげていくのかが問われている。その実現の鍵を握るのが、第２章で提起した「特定少数型活動の戦略的活用」であろう。

このほか、ニーズ対応型組織政策においては、少数化している専業的な農業者に目を向け、かれらのまとまりをつくることも重要である。認定農業者や担い手などの括りで組織化を図るとともに、その活動内容についても豊富化していくことが必要だろう。また集落営農組織が多数成立しているＪＡや地域ではその協議会の設置も必要であろう。同じような状況におかれた人々が集まることで、そのニーズや要求が自覚化される。それがＪＡ運動活性化の原動力になるのである。

第五は、支店運営委員会や支店ふれあい委員会などの支店エリアでの組合員組織についての政策（支店組織政策）である。一方での基礎組織の空洞化、他方でのＪＡの広域合併のはざまで、支店は重要性をより増している。しかし、支店統廃合の動きも強まり、拠点としての支店の位置づけは混乱しがちである。支店は歴史的にみても産業組合以来のＪＡの拠点であり、また小学校区を基礎とするという意味でさまざまな住民組織とのつながりも強い。その意味で支店は事業拠点であるとともに組織拠点でもある。支店統廃合のなかで、旧来の組織拠点性をどう維持するのか、どう再編すべきか、十分な検討が必要なところである。

また、支店運営委員会はどちらかというとJA運営のための組織、すなわちガバナンス組織の性格が強い。これに対して支店ふれあい委員会は、支店エリアでの組合員活動の単位、あるいは組合員組織の相互交流のための組織の性格が強い。その位置づけや性格についても、JAとして検討と確認が必要であろう。

支店運営委員会であっても支店ふれあい委員会であっても、今後やはり期待されるのは近年活発化した支店協同活動を継続・発展させていくことであろう。全国のJAからよく聞かれる同活動の成功要因は、一つには委員会メンバーの主体性の強さであり、もう一つには支店長を中心とする職員の関わり方である。

第7章で事例としたJA小松市においては、地域に精通した職員を戦略的に支店長として配置していた。そうした支店長でなければ、地域の組合員と一体となった活動をつくりあげていくのが難しいことを示唆しているといえよう。もちろんいかに地域に精通していても、事業管理面での業務の比重が高ければ組織対応に力を入れることはできない。支店において組織対応の中心を担うのはだれなのか、事業管理の中心を担うのはだれなのか、さらに渉外や窓口担当は組織対応にどのように関わるべきか、支店組織政策においては職員の体制についても十分な検討が必要である。

第六は、組合員や地域住民向けの各種イベントについてである。イベント政策と呼んでおく。多くのJAでは、農業祭やJAまつりの形で大規模なイベントを行っている。また支店単位で「支店まつり」などを開催することも多い。それらは、JAを組合員、地域住民に幅広く知ってもらうと同時に、そこへの組合員組織とJA職員の参加を通じて協同と共感を広げる役割も担っている。

さらに、組合員を対象にした歌謡ショー、招待会などの対象者を限定したイベントが開催されることも多い。

これらも組合員とＪＡとのだいじな接点である。各種イベントを通じて、なにを得るのか、目的設定とそれに沿った運営の改善が期待される。

第２章のＭＳアンケート分析で析出された「活動単独型」は、こうしたイベントがまさに生み出した類型といえる。その特徴は、准組合員や女性の割合が高く、ＪＡに対する「親しみ」は醸成されているものの、事業利用は低位な水準にとどまり、組合員組織加入や意思反映の場への出席はほとんどみられないことにある。ＪＡのイベントは、地域住民がＪＡとの関わりを初めて持つ主要なルートとなっている。しかし、入り口に立ったまま足踏みを続けている人が少なくないと考えられるのである。

こうした点を踏まえればイベント政策の課題は明確である。イベントを通じて「親しみ」を育むことと同時に、その「親しみ」を梃子《てこ》として他の組合員政策の領域や事業政策の領域へとつながりを広げていくことである。そのためには、イベントのなかでＪＡの他のさまざまな取り組みを伝える必要がある。さらに、参加者個々に確実にはたらきかけるためには、不特定多数であるイベントの参加者を特定するための仕組みが不可欠である。その仕組みづくりに、それぞれのＪＡが知恵をめぐらせることが期待される。

第七は、職員による組合員訪問や広報誌を通じた組合員へのはたらきかけである。ここではコミュニケーション政策と呼んでおく。これらは組合員組織を媒介にするものではないが、准組合員や土地持ち非農家的組合員などＪＡとの組織的接点を持たない組合員との重要な接点である。

組合員訪問の取り組みについてはＪＡ間の取り組みの差が大きいが、目的の明確化と訪問ルールなどについて、ＪＡとして明確化と共有が必要だろう。第４章で事例としたＪＡふくしま未来伊達地区では、毎月第３土曜日を訪問日とし、訪問後には報告書を作成して支店長に提出するなど組織的な管理がなされていた。組合員訪問の実施に当たっては、組合員から出された意見を組織的に共有・返答する仕組みが必須といえるだろう。

また、広報誌は正・准組合員を通じてかなりの程度で読まれている現状がある。ＪＡの顔としてその点検と改善が求められる。一方、情報発信の媒体としては支店だよりの存在も忘れてはならないだろう。第7章で事例としたＪＡ三重中央においては、毎月職員が手書きで支店での活動内容を盛り込んだ「支店新聞」を作成し、手配りで配布していた。さらに支店間の競争意識の喚起を通じた紙面の充実化を図るために表彰制度まで設けていた。組合員訪問のさいに、職員が支店だよりをコミュニケーションのきっかけとして活用していることはよく聞かれるところである。広報誌と併せて今後いっそうの充実化が期待される。

このほかに、アンケート調査などで組合員の現状と意向などを定期的に把握することも重要であろう。

以上でみてきた組合員訪問、広報誌や支店だより、アンケート調査などを通じたコミュニケーション政策は、ＪＡのさまざまな取り組みにかかる情報を伝える役割を担う。この意味で、コミュニケーション政策は組合員政策の基礎として位置づけられるべきものといえる。さらに情報の伝え方の巧拙や双方向のやりとりのありようい かんでは、組合員の意識面でのＪＡとのつながりを強くすることが期待されるのである。

最後に、組合員政策に必要な費用の負担について考え方を述べておく。すでに述べたように、組合員組織や組合員活動には、直接的に事業と関わるものとそうでないものとがある。生産販売事業に関わる組織活動経費は、基本的にはその事業の収益によって賄われるのが望ましいだろう。もしも関連する行政補助金などがあればそれらを使うことは当然である。問題は、事業と直接的な関係を持たない組合員組織、活動についてである。ＪＡの側からは、それら活動の間接的な事業利用への効果を考慮して、組織、活動への職員による人的支援と活動費助成、施設提供などを行うことが必要であろう。また、活動に参加する組合員らからも必要な費用負担を求めることは当然であろう。

また農協法第51条は、農業の経営技術の向上と（第10条第1号事業）農村の生活及び文化の改善に関する事業（同13号事業）のために、毎事業年度の剰余金の20分の1以上を翌事業年度に繰り越すべきことを定めている。組合員政策に関わる組織活動費は費用性を持つと考えられるので、剰余金として繰り越すことには議論の余地があるが、この規定は、協同組合にとっての教育の重要性を示すとともに、それにかかる費用を計画的に用意することを求めていると理解できる。組合員政策にかかる費用とその負担関係についても、事業計画に盛り込んで、より組合員にわかりやすい形で示すことが必要であろう。

4. 謝辞

ＭＳアンケートには、その趣旨を理解して多数のＪＡが参加してくれた。その結果を独自に分析し、具体的な改善策につなげているＪＡも少なくない。振り返ると改善すべき点もないわけではないが、統一的な質問項目でのＪＡ横断的な組合員アンケートという方式は、問題状況の把握と改善策の検討においてきわめて有効な手法であると思う。調査に参加し、データ利用にご理解をいただいたＪＡに敬意を表するとともにお礼を申し上げたい。また、書籍化に当たって、事例として取り上げたＪＡには補足調査などで大変お世話になった。感謝申し上げる次第である。

こうした調査を数年ごとに行うことで、組合員のつながりの実態や意識を継続して把握することができ、ＪＡの側からの対応の効果も確認できるだろう。それぞれのＪＡで調査結果をもとに議論を行い、必要な組合員政策につなげてもらえればと思う。できることなら、引き続きこうした調査が実施でき、さらにそれを具体的な組合員組織や活動に結びつける具体的な手法が開発されることを期待したい。

最後になったが、組合員政策といういささか迂遠《うえん》なテーマについて、長期にわたって継続して研究会を開催させていただいた日本協同組合連携機構（ＪＣＡ）に感謝するとともに、コロナ禍のもと、出版を引き受けていただいた家の光協会にお礼申し上げる次第である。

●編著者紹介●

増田佳昭（ますだ　よしあき）

立命館大学経済学部招聘教授。滋賀県立大学名誉教授。専門は農業経済学、農協論、農産物流通論。著書に『規制改革時代のＪＡ戦略』（家の光協会）、『ＪＡは誰のものか』（編著、家の光協会）、『制度環境の変化と農協の未来像』（編著、昭和堂）など。

●執筆者一覧（執筆順）●

増田佳昭：序章、第３章、終章（共著）
上述

小林元（こばやし　はじめ）：第１章
一般社団法人日本協同組合連携機構（ＪＣＡ）主席研究員。専門は協同組合論、農産物市場論。著書に『次のステージに向かうＪＡ自己改革』（家の光協会）など。

西井賢悟（にしい　けんご）：第２章、第６章、第７章（共著）、終章（共著）
一般社団法人日本協同組合連携機構（ＪＣＡ）主任研究員。専門は農業経営学、農協論。著書に『信頼型マネジメントによる農協生産部会の革新』（大学教育出版）など。

阿高あや（あたか　あや）：第４章
一般社団法人日本協同組合連携機構（ＪＣＡ）副主任研究員。専門は協同組合論、地域文化論。著書に『東日本大震災後の協同組合と公益の課題』（共著、文眞堂）など。

岩﨑真之介（いわさき　しんのすけ）：第５章
一般社団法人日本協同組合連携機構（ＪＣＡ）副主任研究員。専門は農業経営学、農協論。著書に『事例から学ぶ　組合員と進めるＪＡ自己改革』（共著、家の光協会）など。

小山良太（こやま　りょうた）：第７章（共著）、第８章
福島大学食農学類教授。専門は農業経済学、協同組合論、地域経済学。著書に『福島に農林漁業をとり戻す』（共著、みすず書房）など。

つながり志向のJA経営　組合員政策のすすめ

2020年9月20日　第１版発行
2022年4月25日　第２版発行

編著者　増田佳昭
発行者　河地尚之
発行所　一般社団法人 家の光協会
〒162-8448 東京都新宿区市谷船河原町11
電話　03-3266-9029(販売)　03-3266-9028(編集)
振替　00150-1-4724
印刷・製本　中央精版印刷株式会社

落丁や乱丁本はお取り替えいたします。定価はカバーに表示してあります。

ISBN978-4-259-52199-8 C0061